Christian-Peter Steinle
et Sandra Lechleiter

Koï

ULMER

Avant-propos

Lorsque le zoo de la "Wilhelma" de Stuttgart ouvrit en 1967 dans son nouvel aquarium un bassin paysager appelé "paysage japonais" qui était destiné à un groupe de Koïs, ces animaux étaient quasi inconnus en Europe. Seuls quelques importateurs proposaient ces poissons aux couleurs éclatantes car à l'époque, ils suscitaient encore peu d'intérêt. Au Japon, au contraire de chez nous, chaque cours d'eau, chaque étang et chaque bassin sont depuis toujours des jardins d'eau soignés et arrangés artistiquement. Pour des aquariums, les Koïs deviendraient trop grandes.

En opposant d'une part les guppies, les poissons rouges et les queues de voile et d'autre part les carpes sauvages et les Koïs, la "Wilhelma" a voulu montrer qu'on pouvait domestiquer les poissons pour en faire des animaux familiers. La carpe Koï est considérée comme un porte bonheur et de par sa taille exceptionnelle comme un symbole de fertilité. La culture japonaise du jardin a été influencée par les poissons et les poissons ont influencé la culture japonaise du jardin. Une sélection poussée sur les variantes de couleurs des Koï a finalement abouti à des poissons d'ornement dont la beauté s'exprime le mieux en milieu semi-naturel, particulièrement dans les étangs. Contrairement aux carpes élevées pour la consommation, les carpes Koïs ont une forme élancée et conservent l'agilité des carpes sauvages.

Les Koïs de la "Wilhelma" ont suscité un énorme enthousiasme de la part des visiteurs et du personnel du zoo. Plusieurs milliers de carpes Koï ont été élevées dans les années qui ont suivi.

Dans les eaux chaudes de nos étangs à nénuphars les petites Koïs grandissent en se nourrissant des larves d'insectes nuisibles – agissant ainsi comme des protecteurs biologiques des feuilles de nénuphars. A la fin de l'été, lorsque les nuits fraîches atténuent l'éclat des nénuphars, elles apportent une touche colorée au bassin. A l'automne, lorsque les jeunes poissons sont repêchés, on découvre les magnifiques combinaisons de couleurs illustrant le jeu de hasard des gènes et qui expliquent pourquoi les Koïs, qui représentent l'idéal japonais, coûtent si chers : seuls quelques individus exceptionnels en sont à l'origine.

Cependant les Koïs sont plus que de simples objets colorés. Une Koï qui n'a pas été primée à un concours a tout de même une personnalité de poisson bien affirmée. Les Koïs reconnaissent leur soigneur et deviennent confiantes. Pour autant que le milieu aquatique nous le permette, on peut établir une relation personnelle poussée avec elles, comme avec de rares espèces telles que les perches colorées. Les Koïs sont comme les carpes sauvages des êtres pacifiques, quoique affamées car elles n'ont pas d'estomac et donc pas la possibilité de se rassasier. Les Koïs réagissent aux stimuli optiques et acoustiques, comme le son du gong ou des cloches, et répondent lorsqu'elles y sont habituées. L'ouïe des carpes est en effet remarquablement performante grâces aux petits os de Weber qui conduisent l'onde sonore de la vessie natatoire jusqu'à l'oreille interne. Cette particularité anatomique que possèdent aussi les poissons chats est probablement à l'origine de l'énorme succès des carpes et leur permet encore aujourd'hui de trouver de nouveaux amis. Les carpes peuvent atteindre un âge très avancé ; ce sont des amis pour la vie.

Les Koïs ont suscité un intérêt croissant ces dix dernières années. De plus en plus de gens s'enthousiasment pour elles, ce qui permet de proposer des Koïs de plus en plus belles. Les belles Koïs ne sont pas précisément bon marché. C'est pourquoi l'acquisition d'une Koï est dans tous les cas le résultat d'une mûre réflexion. Leur prix élevé dissuade l'achat spontané par des gens chez qui aucun animal ne devrait être. Les Koïs sont exigeantes en ce qui concerne leur milieu : de l'eau propre, un bassin suffisamment profond et des installations techniques qui coûtent cher. Elles veulent avoir leur propre territoire et les étangs naturels avec une flore aquatique abondante ne leur conviennent que partiellement.

Qui veut élever des Koïs a besoin de temps libre. C'est seulement de cette façon que l'homme et la Koï, tirent profit l'un de l'autre. Des livres comme celui-ci peuvent aider à mettre en place cette symbiose. Je me réjouis en tant que passionné de Koïs de cette intégration des Koïs parmi nous, même si elles ne faisaient pas partie intégrante de notre culture. Même les poissons peuvent nous ouvrir à de nouveaux horizons culturels.

Prof. Dr. Dieter Jauch
Jardin zoologique et botanique "Wilhelma", Stuttgart

Sommaire

Les principaux types de Koïs

Koïs et carpes

Vous voulez élever des Koïs dans le bassin de votre jardin ? Rien d'étonnant, les Koïs sont des poissons fascinants aux couleurs splendides qui ne devraient en fait laisser personne indifférent. Mais vous êtes vous déjà demandé qui étaient ces poissons ?

Les Koïs sont des carpes. "Koï" signifie d'ailleurs "carpe" en japonais. Derrière cette simple constatation se trouve pratiquement tout le mystère de ces grands poissons si convoités qui, semble-t-il, sont devenus à la mode du jour au lendemain et pour lesquels s'est développé si rapidement un marché d'accessoire dont on peut difficilement faire le tour.

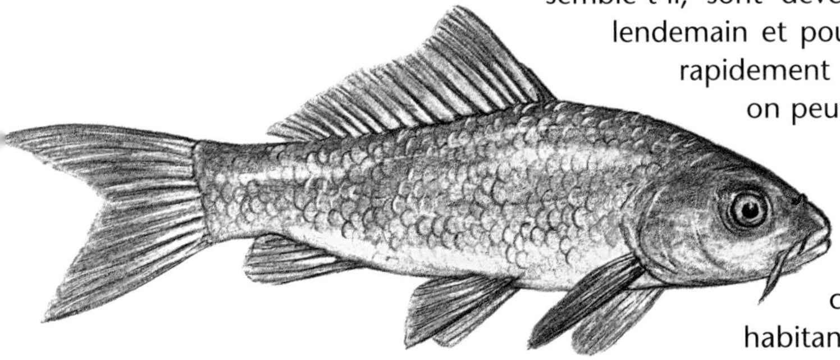

Oui, les Koïs sont avant tout des carpes. Ni plus, ni moins, il faut le souligner. Presque tout le monde sait ce qu'est une carpe. Même les habitants des grandes villes ont déjà eu l'occasion de voir des carpes que ce soit dans les bassins des jardins publics ou dans les zoos.

Les carpes sauvages, entièrement recouvertes d'écailles, aux nageoires complètes et bien proportionnées, correspondent à l'archétype du poisson d'eau douce.

Les carpes sont également des vertébrés très appréciés pour leurs qualités gustatives et font partie de l'histoire culinaire des hommes depuis des milliers d'années.Ce sont essentiellement des carpes miroir qu'on retrouve dans ces cas là, une espèce quasiment dépourvue d'écailles ce qui facilite le travail des poissonniers et des cuisiniers.

Un modèle de succès évolutif

L'ordre des Cypriniformes qui tire son nom des carpes (= qui ressemblent aux carpes) constitue un ordre de poissons très vaste et peu uniforme. C'est aujourd'hui le groupe de poissons d'eau douce qui rassemble le plus de variétés et de formes différentes. Les ichtyologistes, biologistes qui s'intéressent essentiellement ou uniquement aux poissons, estiment que 12 à 15 % des 50 000 espèces de poissons connues ou pas encore découvertes font partie de la famille des carpes (*Cyprinidae*).

Cela montre bien que les carpes sont un modèle d'évolution biologique qui fonctionne bien. Elles se sont en effet établies dans la quasi-totalité de l'Amérique du Nord, en Afrique (à l'exception des régions désertiques), en Europe et en Asie, jusqu'au bord du cercle polaire nordique. L'Amérique centrale et latine, ainsi que l'Australie sont toutefois dépourvues de carpes. Les carpes vivent dans les ruisseaux de montagne aux eaux froides et riches en oxygène, ainsi que dans les eaux troubles avec de faibles courants. Elles s'établissent dans les lacs aux eaux cristallines et à la végétation luxuriante, dans les fleuves des forêts tropicales aux eaux acides et hostiles à la vie, dans les mares quasi dépourvues d'oxygène, dans les étangs pittoresques, dans les cultures (rizières, canaux d'irrigation) et même dans les prairies inondées temporairement.

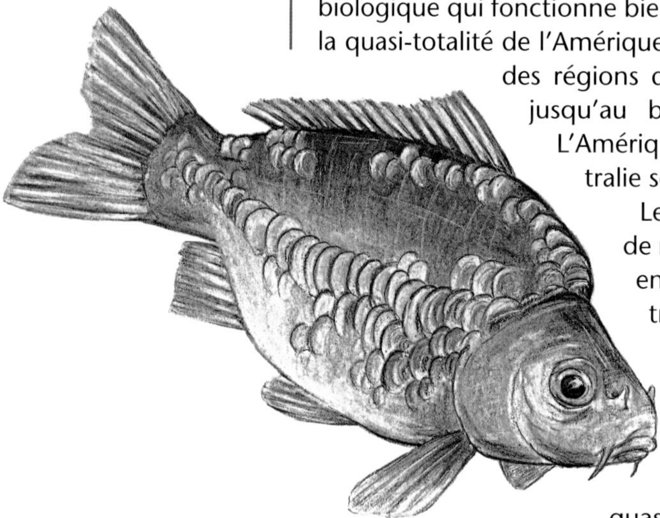

Pour le poisson d'élevage qu'est la carpe miroir, on s'intéresse essentiellement à ses propriétés culinaires. Elle est en effet très facile à cuisiner: peu d'écailles et de grands filets parfaits pour une assiette.

Dans leur grande majorité les carpes sont des poissons qui pratiquent le frai libre : après des courses effrénées, des virevoltes interminables entre les plantes aquatiques ou des sauts au-dessus de la surface de l'eau, elles pondent leurs oeufs qu'elles abandonnent sur place. Les bouvières (*Rhodeus* sp.) apportent quant à elles des soins indirects à leur descendance dans la mesure où la femelle pond ses œufs dans l'orifice respiratoire de mollusques où ils sont dans une eau constamment renouvelée et à l'abri des prédateurs.

Un autre petit poisson de la famille des carpes qui porte le nom d'Able de Heckel (*Leucaspius delineatus*) pond ses œufs sur les tiges des plantes où jusqu'à l'éclosion des larves ils peuvent être surveillés et bichonnés par le mâle.

Les nombreuses variétés de carpes peuvent aussi bien être invisibles que multicolores, minuscules que massives : certaines variétés tropicales font partie des plus petits vertébrés connus. Les mâles de l'espèce *Rasbora micros* de Thaïlande mesurent à peine un centimètre du bout de la tête jusqu'à l'extrémité postérieure de la nageoire caudale alors que dans les grands cours d'eau indiens vivent de très impressionnants représentants de l'ordre des Tors mesurant plus de deux mètres.

A l'exception des variantes Doitsu, la plupart des Koï ont conservé la forme élancée du corps de la carpe sauvage.

Quel est le rapport avec les Koïs ?

Nous vous racontons toutes ces choses sur les carpes afin de vous faire comprendre pourquoi les carpes ont été les premiers poissons domestiqués par l'homme et comment on a finalement abouti aux Koïs. Les poissons appartenant à la famille des carpes ne sont pas spécialisés, contrairement à la majorité des autres animaux. Qu'elles soient particulièrement petites ou particulièrement grandes, de couleurs simples ou exubérantes, les carpes ont l'aspect général d'un poisson tel que l'on se l'imagine habituellement. A leur corps "idéal" de poisson s'ajoutent des nageoires bien proportionnées et à l'endroit exact où elles sont censées être (une nageoire dorsale et une pelvienne, une nageoire caudale en deux parties, ainsi qu'une paire de nageoires thoraciques et ventrales). A l'exception de la tête, leur corps est dans la majorité des cas recouvert d'écailles bien marquées. Certaines espèces ont au niveau des lèvres charnues deux barbillons, voire quatre ou même plus. D'autres se débrouillent sans ces appendices à fonction gustative.

Notre carpe commune (nom scientifique : *Cyprinus carpio*) possède deux paires de barbillons de longueur et

L'agencement particulier des écailles de la carpe cuir caractérise aussi l'apparition de quelques formes de Koï Doitsu.

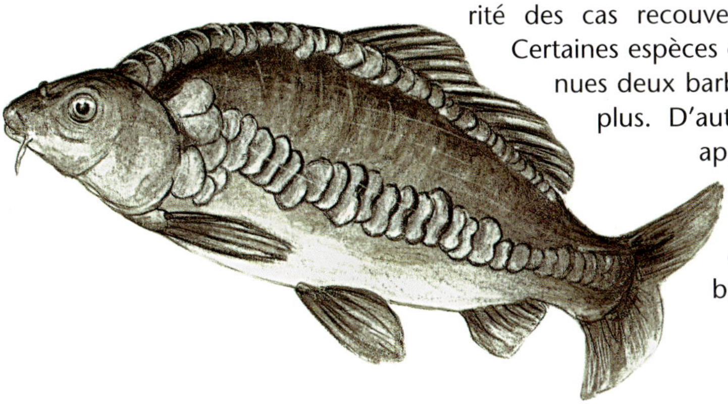

d'épaisseur différentes sur la lèvre supérieure. Dans sa gueule se trouvent trois rangées de dents puissantes qui s'usent et se renouvellent constamment. Par contre, sur la mâchoire inférieure, on a ce qu'on appelle la "dent de carpe ": une plaque qui sert à mâcher et à réduire la nourriture en petits fragments. Grâce à cette adaptation, les carpes peuvent manger et digérer pratiquement tout ce qui est capable de rentrer dans leur bouche. Contrairement à d'autres poissons au régime alimentaire très spécialisé, les carpes ne sont pas tributaires d'un aliment qui n'est présent qu'à certains endroits ou à certaines saisons. Ainsi les carpes sont indépendantes et peuvent se déplacer et coloniser un habitat assez vaste. Leur capacité à supporter, ne serait-ce que pendant un certain temps, des milieux aquatiques différents a contribué à leur expansion.

Lorsque la bouche est fermée, son mécanisme complexe n'est pas visible.

L'homme a su tirer parti de la capacité d'adaptation des carpes : les carpes ont été les tout premiers poissons consommés par l'homme. Elles ont été également rapidement utilisées pour l'ornement et pour l'élevage. Les Chinois sont parvenus à les élever il y a déjà plus de 3000 ans.

Comment les carpes sont-elles arrivées en Orient ?

Mais comment les carpes sont-elles parvenues dans l'Empire du milieu ? Beaucoup d'histoires incertaines circulent à ce sujet. "La carpe est originaire d'Asie orientale", disent les uns, "et n'a été introduite en Europe qu'au début du Moyen Âge". D'autres affirment le contraire et pensent que : "Bien entendu les carpes sont originaires d'Europe centrale et se sont ensuite propagées vers l'est". Et un troisième parti est d'avis que cette espèce existaient déjà sous forme de nombreuses sous-espèces à la fois en Europe et en Asie…

L'ancêtre supposé des carpes est menacé d'extinction.

Le biologiste Balon (1995) propose une solution plus concluante. Il n'existe selon lui qu'une seule carpe sauvage européenne (*Cyprinus carpio*) dont l'origine se situe dans le cours inférieur du Danube. Cette "carpe primitive" a survécu jusqu'à nos jours, mais elle est menacée d'extinction, tout comme les populations voisines dans les affluents de la Mer Noire, de la Mer Caspienne et de la Mer d'Aral. Les autres espèces de carpe en Europe auraient été introduites par l'homme.

L'origine des carpes d'Asie orientale reste cependant toujours

Les Koï à la conquête de l'Europe

On n'arrive plus à savoir quand la première Koï est arrivée en Europe. Il n'est pas exclu que les employés coloniaux les aient un jour ramené avec eux, à côté des ginkgos, des amandiers et des poissons rouges. Le nom d'un importateur reste encore connu aujourd'hui: Carl Duisberg, directeur général des usines Bayer. Au début des années trente, il ramena de son voyage au Japon une maison de thé, un pousse-pousse et de nombreuses lanternes en pierre ainsi que des carpes Koï – qui constituèrent le point de départ d'un " Jardin japonais " encore visible aujourd'hui au siège de la société Bayer à Lerverkusen. Plus tard en 1940, on pouvait voir dans l'aquarium du zoo de Berlin des "carpes dorées japonaises" ou "Higoi" nager à côté de carpes communes, de carpes miroirs et de carpes cuirs.

floue. Elles ont été élevées en Chine depuis plus de 3 000 ans, période à laquelle l'employé de la Cour Fan-Li a écrit le plus ancien livre connu sur l'élevage des poissons. En comparaison, les moines européens ne parvinrent à élever correctement leur plat de jeûne préféré qu'au treizième siècle.

Les carpes asiatiques avec leur corps plus long et plus fin ont été la plupart du temps considérées comme des sous-espèces apparentées à *Cyprinius carpio.* Cette affirmation est cependant contredite par la constatation suivante : les carpes étaient connues et répandues en Chine et au Japon bien avant l'arrivée des premiers Européens (Kottelat, 1998). Des études comparatives du patrimoine génétique pourraient très certainement répondre à ces questions.

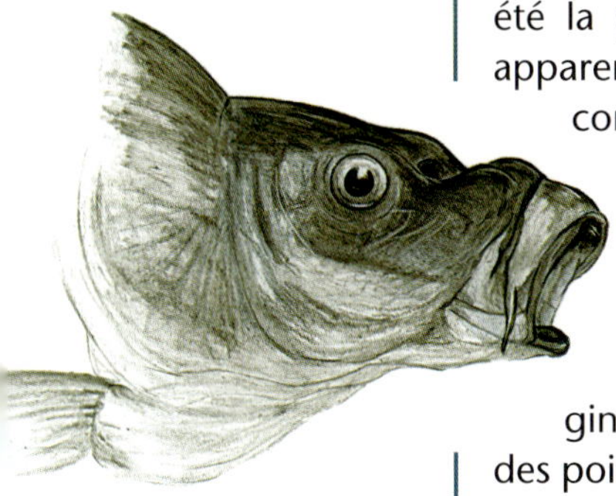

En projetant sa bouche en avant (on la dit "protractile"), la carpe est capable d'avaler de gros morceaux de nourriture ou de malaxer de grandes quantités de sol, dont elle extrait les éléments nutritifs.

Mais une chose est certaine : le Japon reste le pays d'origine des Koïs colorées. Certes, les connaissances sur l'élevage des poissons tout comme les racines de la langue, de l'écriture, de la médecine, de la religion et de nombreuses traditions culturelles japonaises ont pour origine la Chine ; certes, les Chinois ont élevé et dorloté depuis bien plus longtemps des variétés jaunes obtenues naturellement qu'ils considéraient comme symbole de fertilité, mais l'intense sélection des couleurs et des formes reste quand même une découverte japonaise.

Au Japon, on élevait depuis le Moyen Âge des carpes colorées issues des fréquentes mutations aléatoires. Ces poissons étaient sans motif, uniformément jaunes ou oranges. La multitude de couleurs et le grand intérêt porté aux Koïs ne sont apparus qu'au début du vingtième siècle.

Le comportement des Koïs

Un bassin de jardin ou plus rarement un bassin d'intérieur est, pour la majorité des gens, un endroit où se ressourcer, un moyen de fuir la vie professionnelle et les problèmes quotidiens. Même dans l'environnement urbain façonné par l'homme, la faune et la flore importées ou installées d'elles-mêmes constituent un petit coin de nature bienfaisant. Mais pourquoi, beaucoup plus que les autres poissons, les Koïs sont-elles considérées comme les "reines" des bassins ?

C'est dans leur comportement tout à fait particulier que réside la réponse. Au-delà des critères visuels, les Koïs nous permettent de jeter un regard sur le paradis perdu : les Koïs sont paisibles, hédonistes et se comportent, entre elles comme avec la personne qui s'occupe d'elles, de manière très sociable.

En raison de leur familiarité avec l'homme, les Koïs enthousiasment aussi les personnes qui ne portaient apparemment aucun intérêt aux poissons.

Les Koïs sont curieuses et établissent de leur propre initiative, des contacts au-dessus de l'eau, avec l'homme.

Comportement social

Tout amateur de Koïs peut raconter pendant des heures des anecdotes d'entraide entre ses poissons. Par exemple des histoires de Koïs qui, après avoir sauté hors du bassin, se trouvaient déjà en arrêt respiratoire et qui une fois remise dans l'eau se faisaient réanimer pendant des heures par une autre Koï. Ou de Koïs qui, après une période de solitude dans un aquarium de quarantaine, se faisaient saluer de la manière la plus chaleureuse par leurs compagnons au moment du retour dans le bassin.

Les Koïs sont des poissons sociables au comportement social bien marqué. Les maintenir seuls est donc pour eux une véritable torture.

Les Koïs sont véritablement des poissons sociables. De petits groupes se forment par classes d'âge. Iils sillonnent le bassin ensemble et se reposent parfois également en groupe. Lors de l'introduction d'individus de tailles différentes, il faut donc veiller à mettre ensemble au minimum trois, ou mieux cinq, Koïs de taille équivalente. Ceci est particulièrement important pour les Koïs nouvelles-nées et pour les Koïs mesurant de six à dix centimètres. Les plus petits individus peuvent être pris pour de la nourriture par les Koïs adultes, même s'ils ne sont pas spécifiquement chassés. Quel jeune poisson serait capable d'échapper à l'aspiration d'une Koï de 80 centimètres de long s'il lui arrivait de nager imprudemment devant sa gueule ?

Il semblerait également que l'isolement en quarantaine d'une Koï malade génère un stress chez celle-ci. Le taux de mortalité diminue lorsque l'on a la possibilité de maintenir deux ou trois poissons ensembles. L'assistance offerte par les poissons sains à l'individu malade fascinera tout observateur. Elle augmente probablement les chances de guérison du malade. La validation scientifique de ces observations reste à faire, mais de nombreuses expériences témoignent d'une meilleure guérison lorsque le poisson malade n'est pas laissé seul. Quiconque désire installer un bassin de quarantaine devra garder ces observations en tête pour les dimensions du bassin et veiller à équiper son bassin de filtres.

Des poissons qui parlent ?

Malheureusement, nous connaissons encore très peu de choses sur la communication acoustique entre les Koï.

Les Koïs sont capables d'émettre des sons puissants grâce à leurs dents œsophagiennes. Les scientifiques ont pu établir grâce à des expériences sur nos carpes communes que des bancs de poissons situés à plusieurs kilomètres l'un de l'autre pouvaient communiquer entre eux sous l'eau. Toute personne qui a déjà sorti une Koï de l'eau pour des manipulations ou simplement pour l'observer a sûrement déjà entendu le grincement des dents œsophagiennes. Des passionnés de Koïs au sommeil léger et à l'ouïe fine ont pu, grâce aux capacités acoustiques de leurs poissons, sauver rapidement des poissons qui la nuit avait sauté en dehors du bassin. Les connaissances sur ce mode de communication sont malheureusement encore très sommaires.

Odorat et odeurs

Comment les poissons transforment les odeurs en "images" est très difficile à comprendre pour l'homme.

Lespassionnés ont également observé que les Koïs ont l'odorat très développé : les poissons malades ont une odeur vraiment particulière. On est quasiment capable de "sentir" la maladie et cela particulièrement dans une pièce close, c'est-à-dire dans les bassins d'intérieur. L'odeur n'a rien à voir avec l'odeur de renfermé des eaux croupies. Il est connu que de nombreuses espèces de poisson émettent des phéromones – des signaux chimiques – pour se prévenir mutuellement d'un danger ou pour s'attirer les uns les autres lors du frai. Au sein des communautés de poissons, cette capacité peut être vitale, par exemple pour prévenir de la présence de prédateurs.

L'odorat, l'ouïe ainsi que la possibilité d'émettre des sons, de capter des ondes de pression et de les transformer en "images" sont peut-être les moyens de communication dans le monde sous-marin des poissons. N'oublions pas que la propagation des ondes et des substances solubles dans l'eau est beaucoup plus rapide et plus efficace que dans l'air.

Les barbillons

Les quatre barbillons de la carpe, situés sur la lèvre supérieure, sont constitués de tissu conjonctif bien vascularisé au sein duquel se trouvent d'innombrables " papilles gustatives ". Celle-ci sont en liaison directe, grâce à des fibres nerveuses, avec le centre du goût et de l'identification dans le petit cerveau de la carpe. Les barbillons permettent de rechercher la nourriture dans les eaux troubles ou dans la vase, ils participent à la reconnaissance inter-espèce et sans doute également à l'orientation – en particulier lors des migrations de frai.
Les barbillons sont donc de véritables organes sensoriels et leur endommagement, ou leur perte, perturbe la perception des poissons. C'est pourquoi il faut veiller à éviter la présence, dans le bassin, de surfaces ou d'objets tranchants ou rugueux (gravillons, crépi, éclats de pierre) qui peuvent blesser les barbillons des carpes fouineuses.

Vision et capacité à mémoriser

Tout le monde a déjà du remarquer que les Koïs ont une vue excellente. Elles reconnaissent leur maître et sont souvent très timides à l'égard des étrangers qui se rapprochent du bassin. Tous les pêcheurs savent aussi que les carpes se souviennent de ce qu'elles ont vu. Un poisson pris une fois avec un appât – ainsi qu'une Koï prise à l'épuisette – va être beaucoup plus prudent à l'avenir et sera pris beaucoup plus difficilement par la même méthode. De ce point de vue là les Koïs sont, comparées aux autres poissons d'eau douce, de véritables "éléphants". Après une capture assez mouvementée, il faut un certain temps pour qu'elles soient de nouveau manipulables.

Si on compare les capacités de mémorisation des Koïs aux autres poissons d'eau douce, les Koï apparaissent comme de véritables "éléphants".

Les Koïs et les hommes

Le fait que les Koïs reconnaissent leur propriétaire et nagent dans sa direction lorsque celui-ci se présente contribue fortement à l'établissement d'une relation entre l'homme et le poisson. Les Koïs se laissent caresser, nourrir à la main et même embrasser. Elles prennent donc part à la vie de famille et ont pour cette raison le rang d'un véritable animal de compagnie.

À l'inverse des autres poissons qui vivent en groupes, la coloration individuelle souligne le caractère unique de chaque poisson.

La ligne médiane, organe des sens

Il est difficile pour l'homme de comprendre comment fonctionne la ligne médiane des poissons. On peut dans un premier temps comparer sa fonction avec celle de nos oreilles qui sont sensibles aux ondes et aux pressions extérieures et où siège l'organe de l'équilibre.
Les Koï disposent d'une ligne médiane complète qui part du bord postérieur de l'opercule des branchies et se termine au bout de la queue. On la reconnaît à la chaîne de pores bien visibles. C'est un organe très sensible qui participe essentiellement à l'orientation dans l'espace. Il est en effet capable d'enregistrer les courants d'eau, la résistance des objets vers lesquels la carpe se dirige ou qu'elle évite et même de faibles mouvements à la surface de l'eau. Des expériences ont révélé que grâce à leur ligne médiane, les poissons sont non seulement capables de remarquer qu'un insecte est tombé à la surface de l'eau, mais aussi d'en déduire sa position exacte.

Son caractère unique s'exprime également dans le comportement spécifique à chaque individu. Il y a des "courageux" qui monte souvent à la surface, des timides, des goulus et des délicats, d'innombrables individus à qui l'on donne rapidement un nom et qui acquièrent une histoire personnelle. Un "vieux routard" de l'élevage des Koïs évoque même des particularités spécifiques à certaines variantes de couleurs. L'exemple le plus frappant concerne les Chagoi qui sont très vite habituées à être manipulées et qui sont les plus rapides à venir manger dans la main. La plupart du temps ce sont des pionniers que toutes les autres Koïs imitent très vite dans leur comportement.

Les propriétaires de Koï peuvent discuter des heures sur les caractères individuels de leurs poissons.

Quel âge peut atteindre une Koï ?

Normalement les Koïs vivent au moins 30 ans et peuvent atteindre 60-70 ans. Certes, tous les poissons ne vivent pas aussi longtemps mais de nombreuses Koïs sont élevées, observées et dorlotées par leur propriétaire pendant plusieurs dizaines d'années. Immanquablement, cette longue espérance de vie entraîne la création de liens affectifs qui provoque souvent l'incompréhension des gens qui ne sont pas spécialement intimes avec ces poissons. Ne vous laissez pas déconcerter par cette attitude.

Chez les Koïs **Asagi,** qui existent en plusieurs couleurs de base, les bleus sont particulièrement belles avec leurs nageoires dorsales parcourues par un liseré clair et la face supérieure de leur tête aux miroitements bleu clair. Les nageoires, qui doivent toutes être le plus rouge possible, sont une autre caractéristique impor-tante.

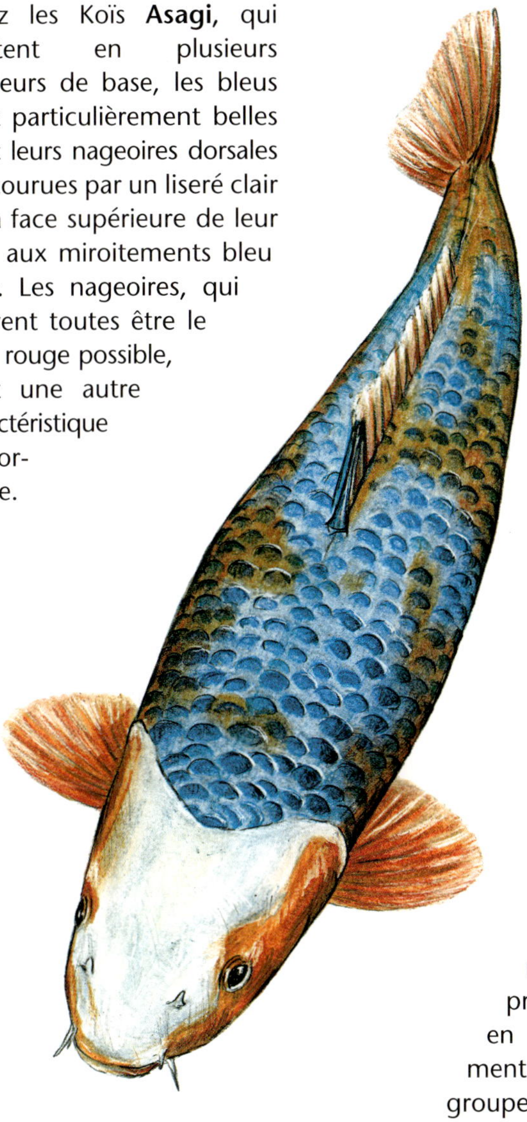

Le dessin présente une **Hi-Asagi**, ainsi nommée parce qu'elle présente du rouge ("Hi") en quantité particulière-ment importante. Dans un groupe de Koï moins voyantes, cette variante chatoyante vole la vedette à toutes les autres.

Parlons d'argent

On peut retourner le problème comme on veut : élever des Koïs coûte cher !

Vous avez sans doute déjà remarqué qu'à chaque fois qu'on parle de Koïs, l'aspect financier finit par être abordé. La plupart du temps il est question des magnifiques spécimens qu'on s'arrache à des prix exorbitants au Japon ou aux Etats-Unis. Il paraît que des poissons dont le prix s'élève au million nagent dans des bassins luxueux surveillés par des détecteurs de mouvements et des Dobermans aux dents acérées.

Même si vous voulez débuter à un niveau moins élevé, il convient de réfléchir auparavant à l'aspect financier des soins destinés aux Koïs.

Des Koïs dont l'origine est connue – avec pour ainsi dire un "pedigree" - ont de la valeur. Un peu plus loin dans ce livre, nous vous inviterons à vous désintéresser des offres bon marché et à acquérir, dans votre propre intérêt, des poissons relativement chers.

Informez-vous à temps sur les dispositions légales pour la construction et sur la réglementation sur l'eau de votre ville ou de votre commune.

En utilisant des matériaux de valeur et durables, vous finirez par économiser de l'argent. La réparation d'une fuite dans une bâche achetée bon marché (cherchez toujours d'abord à l'endroit le plus profond et le moins accessible) et les travaux de terrassement nécessaires pour localiser une fuite dans un conduit coûtent au final plus cher que ce qu'on pensait initialement épargner au moment de l'achat.

Même si vous arrivez à vous débrouiller avec une seule pompe à circulation pour l'installation du système de filtration (il est toujours plus sûr d'avoir un modèle identique de rechange en réserve) il faut penser à la facture d'électricité. Les pompes à filtre, pour être efficaces consomment beaucoup d'électricité et doivent fonctionner 24h sur 24.

Si vous voulez utiliser d'autres appareils électriques, il convient de comparer la consommation d'électricité en fonction des marques. Il y a des différences !

La palme des coûts d'entretien revient à l'eau. Il ne suffit pas, même avec le meilleur système de filtration, de remplir une fois pour toutes le bassin et ensuite de compenser les pertes d'eau par

Une Koï **Kohaku** comme celle-ci, coûte environ 30 000 francs.

évaporation. Un entretien consciencieux et adapté des poissons de bassin impose un changement régulier d'une partie de l'eau du bassin. Il est conseillé de changer une fois par mois la quantité d'eau correspondant à 10 à 20% du volume total du bassin. Pour les grands bassins, cela signifie qu'il faut apporter à chaque fois quelques mètres cubes d'eau fraîche. Si vous habitez dans un environnement particulièrement soumis aux pollutions atmosphériques, il s'avère alors nécessaire, après de fortes pluies de changer un grand volume de l'eau du bassin afin de se débarrasser des polluants solubilisés dans l'eau et de protéger les branchies des Koïs.

Ne sous-estimez pas les frais d'entretien courants pour le bassin des Koï.

Tout cela coûte de l'argent. Il est absolument nécessaire avant de donner le premier coup de bêche du bassin pour les Koïs de savoir si oui ou non vous voulez, et si vous pouvez, dépenser cet argent.

Les bassins

Avant de penser aux poissons, il faut penser au bassin. Il existe une abondante littérature sur la manière de faire les plans, de construire et d'arranger un bassin. Vous trouverez les références dans la partie "Bibliographie" de ce livre. Dans ce chapitre, vous découvrirez quels matériaux nous préconisons, ceux que nous déconseillons et quelles exigences il faut remplir pour que votre bassin réponde aux besoins des Koïs.

Le **nénuphar jaune** (*Nuphar lutea*) est la plante idéale pour les bassins des Koïs ; ses tiges et ses feuilles sont trop amères pour que les poissons ne les grignotent.
Les nénuphars sont plantés dans de grands conteneurs et deviennent d'imposantes plantes vivaces.

Les Koïs et les propriétaires de Koïs n'ont certainement pas le même point de vue sur les qualités d'un bassin idéal. "J'ai besoin d'eau tiède, de préférence légèrement trouble", dirait la Koï, "avec plein de plantes tendres dont je pourrais grignoter les feuilles, un sol riche, meuble et profond pour m'enterrer, des grosses pierres, des racines ou un toit de feuilles de nénuphars pour me cacher quand le soleil brille trop fort, des berges boueuses et plantées de roseaux pour prendre des bains de soleil et me reproduire, ainsi que de très nombreux camarades avec lesquels je puisse fouiller, creuser et faire le fou". La plupart des gens ne hisseraient certainement pas une telle mare au rang de pièce maîtresse d'un jardin ornemental.

Il n'existe pas de bassin pour Koïs idéal : la meilleure solution est de trouver un compromis entre les besoins de l'animal et les souhaits du propriétaire. Rappelons cependant qu'il est beaucoup plus facile aux constructeurs de bassin de renoncer à certains souhaits, qu'aux Koïs de s'adapter à des conditions de milieu qui ne leur conviennent pas. Bien entendu vous pouvez faire plier les poissons à vos désirs. Mais dans ce cas, vous venez, d'une part, d'acheter le mauvais livre et vous n'aurez, d'autre part, aucun plaisir à avoir des Koïs.

Le rêve de tout propriétaire de Koï est d'avoir un bassin aux eaux transparentes. Pourtant, c'est un milieu inhabituel pour les carpes.

Les bassins pour Koï ne sont jamais trop grands.

La meilleure façon d'obtenir un bassin adapté aux Koïs est de s'informer de façon très précise sur ce dont les Koïs ont besoin pour grandir, se développer et vivre.

Vous avez déjà trouvé un indice au chapitre "Koïs et carpes" : les carpes sont avant tout des poissons de fleuve. Leur nature demande une liberté de mouvement la plus grande possible dans des cours d'eau vastes et riches en nourriture. Et voilà, nous avons déjà trouvé le premier compromis. Comme les Koïs sont nourries dans le bassin, vous pouvez négliger l'exigence d'un milieu riche en nourriture. Mais vous devez par contre prendre en considération l'énorme besoin de place.

Nous n'allons pas vous mettre sous la main de formule du type "tant de litres d'eau par centimètre ou par kilogramme de poisson". Si vous calculez qu'il faut pour une Koï adulte au minimum 5 000 litres d'eau, c'est bien mais ce n'est pas encore très généreux. Pour avoir 5 000 litres d'eau, il faut réaliser dans votre jardin un trou de 1 m de profondeur et d'une surface de 2,5 sur 2 m. Du point de vue de la Koï ce n'est rien de plus qu'une flaque d'eau améliorée. Et vous ne voulez pas en élever qu'une, mais trois ou cinq ou même beaucoup plus. C'est pourquoi il faut réfléchir attentivement lors de la préparation pour savoir si votre jardin est capable de "supporter" un bassin aussi grand.

Ombre et lumière

Les Koï prennent souvent des bains de soleil directement sous la surface de l'eau. Mais lorsqu'elles ont besoin de repos ou quand elles sont effrayées, elles se réfugient volontiers dans des endroits plus sombres où elles se sentent en sécurité. Les bassins pour Koï aux eaux cristallines, sans berges surplombantes, ou sans plantes aquatiques formant une couverture dense, manquent cruellement de zones de repos. Il faut absolument en aménager. Un seul nénuphar qui pousse bien peut faire l'affaire du printemps à l'automne. Des pontons, des ponts, ou d'autres éléments de décoration, remplissent la même fonction. Peu importe comment vous vous y prenez, pourvu qu'il y ait des zones d'ombre durables.

S'il vous plaît, pas de bassins préfabriqués

La qualité de l'habitat des Koïs dépend également d'autres facteurs qui peuvent dans une certaine mesure remplacer un volume d'eau insuffisant. Mais avec l'idée des 5 000 litres d'eau en tête, vous allez vite comprendre que la majorité des bassins préfabriqués – ils sont souvent proposés dans les magasins de jardinage et de bricolage sous des formes plus artistiques les unes que les autres – ne peuvent en aucun cas être utilisés à long terme pour un maintien toute l'année des Koïs. Ils sont la plupart du temps trop petits et, jusqu'ici, toujours trop plats.

N'oubliez pas : l'hiver, les Koï ne peuvent supporter de longues périodes de gel que dans des bassins profonds. 1,5 m est un minimum.

Ce que les passionnés apprécient chez les Koïs, c'est que ces poissons deviennent grands et parfois même très grands. Pour une croissance continue, les poissons ont besoin d'espace et de périodes assez longues pendant lesquelles l'eau reste à température assez élevée. Pour avoir une eau dont les caractéristiques sont les plus stables possibles, il faut de nouveau avoir un grand volume d'eau. En effet, une grande quantité d'eau met non seulement plus longtemps à se réchauffer, mais aussi plus longtemps à se refroidir.

Mais il vous faut aussi penser à l'hiver. Il est assez improbable que les Koïs survivent sous la glace dans un étang de moins de 1 m de profondeur. 1,5 m semble être la profondeur minimale et 2 m (pas pour tout le bassin, mais au moins sur un tiers de la surface) est idéal pour éliminer les risques climatiques liés à l'hiver. A elle seule, cette exigence minimale là n'est pas remplie par les bassins préfabriqués, tout du moins par ceux en plastique noir (fibre de verre /polyester).

Cette Koï exprime clairement son héritage de carpe miroir. Les grandes écailles dorsales et latérales doivent être du bleu le plus foncé possible et se démarquer du reste de la peau, sans écaille, aux couleurs bleu clair, argenté, rouge ou jaune. Cette combinaison s'appelle **Shusui**.

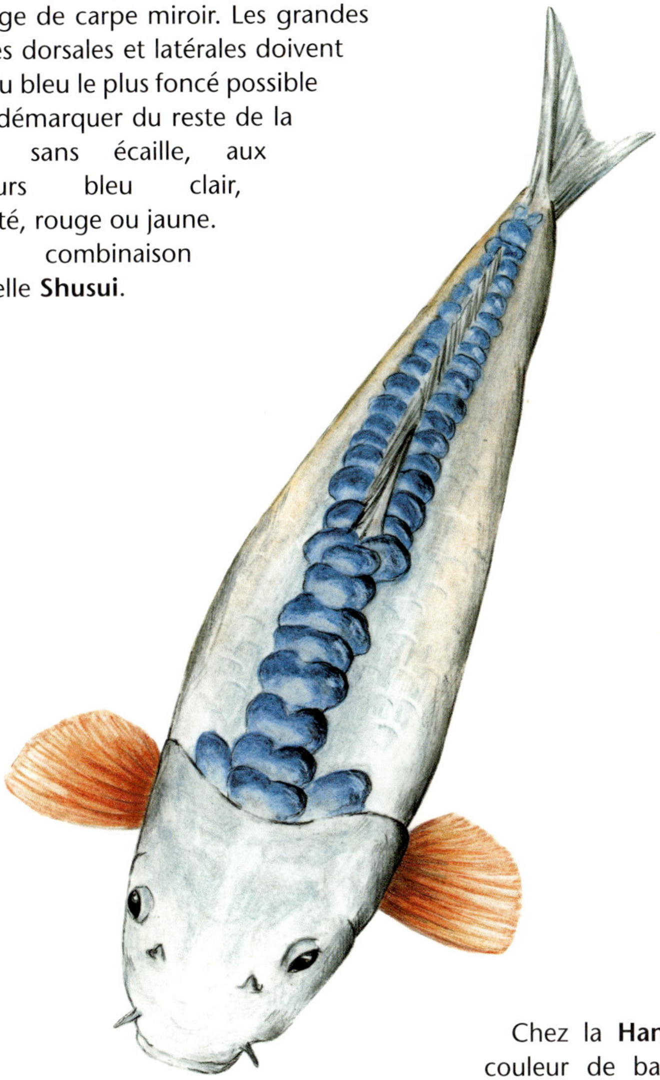

Chez la **Hana-Shusui**, la couleur de base doit être légèrement bleutée et peut contenir du rouge, en particulier au niveau des nageoires latérales.

L'emplacement du bassin

Les bassins pour Koï doivent être exposés au soleil, mais pas toute la journée. Idéalement, le bassin se situera le plus près possible de la maison, par exemple au bord de la terrasse : cela facilite la surveillance et conduit à côtoyer souvent les poissons. Les feuillus seront proscrits à proximité immédiate du bassin. Attention aux ifs : non seulement les fruits sont toxiques, mais les branches, elles aussi, ne doivent en aucun cas traîner dans l'eau.

D'autres matériaux inadaptés

Des matériaux comme l'argile naturelle ou le béton ne doivent pas être utilisés pour la construction des bassins pour Koïs.

Dans les anciennes éditions des livres de jardinage et les livres sur les bassins réédités sans être mis à jour, on peut vous proposer des matériaux dont nous vous déconseillons l'utilisation. L'**Hydrosil,** par exemple, est un granulat d'argile assez liquide, qui étanchéifie relativement bien mais ne permet la création que sur une faible profondeur. Pour obtenir au moins 1,5 mètres de profondeur, l'étang devrait être parfaitement rond et avoir un diamètre d'au moins dix mètres. D'autre part, ce type de matériel ne permet pas l'ajout des tuyaux d'arrivée ou d'évacuation d'eau.

Les mêmes raisons nous poussent à déconseiller l'**argile naturelle.** Les bassins construits à l'aide de tuiles d'argile, suivant la forme qu'on veut leur donner, ont un aspect tout à fait attrayant et naturel. De plus, l'argile est non polluante et étanche… en tout cas, aussi longtemps que votre bassin, construit à partir de ce matériau, ne contient pas de carpes ou d'autres poissons qui creusent beaucoup ! Les Koïs peuvent perforer les dix centimètres d'épaisseur des tuiles normales en un rien de temps.

Le **béton** a une réputation de solidité et de longévité, et pourtant il présente de nombreux inconvénients pour la construction des bassins. Ceux qui ne s'extasient pas devant les formes géométriques toutes simples devront déjà investir une petite fortune pour la fabrication du coffrage et des armatures métalliques. Par ailleurs, aucun des sept fournisseurs d'enduits imperméabilisants non toxiques, que nous avons interrogé, n'a pu nous garantir que ces produit résistent plus d'un an. Pourtant l'emploi de tels enduits est indispensable car, d'une part le béton est perméable à l'eau, et d'autre part il contient des éléments toxiques pour les plantes et les poissons, susceptibles de se solubiliser.

De plus, le béton est très sensible aux pressions à la fois internes et externes exercées par la glace. Des fissures verticales, dues à la

Les plantes n'ont de chances de survivre que si elles sont protégées de l'appétit des Koïs. Les zones vaseuses ou les berges peuvent être protégées avec des matériaux solides et stables comme des galets de rivière plats.

pression, ainsi qu'une rapide oxydation de l'armature qui en découle, sont à déplorer dans pratiquement tous les cas. Et si un jour votre bassin bétonné ne vous plait plus ? Il faudra alors utiliser des marteaux piqueurs et mettre en œuvre de coûteux moyens de transport et d'élimination des déchets.

Une dernière technique, la meilleure parmi les moins bonnes, doit être mentionnée. Il fut un temps ou l'emploi de **matériaux allégés** (béton aéré, Yton, Polystyrène, etc.) a été à la mode pour la construction des bassins. Ces bassins ont un aspect étonnamment naturel et résistent longtemps, mais les difficultés à maintenir leur étanchéité sont très proches de celles du béton.

Alors que faire ?

Pour le moment seuls deux matériaux peuvent être sincèrement conseillés : les bâches en plastique pour bassins ainsi que, dans certains cas, les résines de polyester.

Le fait que la très grande majorité des étangs de jardin soient construits avec des **bâches** en plastique est totalement justifié. Tous les magasins de bricolage proposent des bâches en plastique et presque tout le monde peut les travailler sans grande difficulté. Grâce à des

De la terre dans le fond du bassin ?

Le substrat du fond est un excellent filtre naturel qui, de plus, apporte en quantités modestes des aliments supplémentaires. Les Koïs peuvent le fouiller et les plantes s'y enraciner. Cependant, ce rôle positif ne sera assuré que que s'il le sol est bien fixé le long de la pente et ne risque pas de boucher constamment le filtre. Vous voulez minimiser ce risque ? Dans ce cas, il est préférable de vous passer d'un fond en terre.

colles spéciales, n'importe quel débutant en bricolage est capable de fixer des bandes de bâches ensemble pour en faire de plus grandes. Actuellement toutes les bâches résistent au soleil et à des conditions climatiques difficiles. Les écarts de température entre l'été et l'hiver n'ont plus aucune conséquence sur la durée de vie de la bâche. Si vous choisissez des bâches de marque, vous bénéficierez en plus d'une garantie d'étanchéité s'étalant sur plusieurs années.

Les bâches ont de plus l'avantage de laisser libre cours à votre imagination en ce qui concerne la forme et la taille du bassin. La bâche s'adapte sans trop de plis, qui de toute façon disparaîtront sous la pression de l'eau, aux contours dessinés lors des travaux de terrassement. Installer des plantes dans un sol marécageux ou en eau claire, créer des zones d'eau profonde ou superficielle, des criques, des îles, des ruisseaux, des fontaines, rien ne résiste à

Le choix du matériel pour la construction du bassin permet de satisfaire votre imagination créatrice.

Ne tentez pas de poser les bâches tout seul : pour une pose sans pli de la bâche il vaut mieux être nombreux.

votre imagination grâce à ces bâches en plastique. Il existe pour relier les tuyaux entre le bassin et les filtres des branchements normalisés en PVC qui s'installent très simplement et de façon parfaitement étanche.

Faites cependant attention car il existe différents types de bâches. Ce sont les **bâches en PVC** qui sont proposées le plus souvent. Ces bâches, meilleur marché, sont fabriquées selon un procédé moins respectueux de l'environnement, et vous pourrez rencontrer des problèmes liés à l'élimination des déchets si un jour vous décidiez de vous en débarrasser. Les **bâches en polyuréthane** et celles en **caoutchouc EPDM**, qui ne sont pas encore vendues dans beaucoup de magasins, possèdent toutes les qualités du PVC mais sont en plus produites sans émission de produits toxiques. Leurs inconvénients sont les suivants : un prix nettement plus élevé, un poids plus élevé et le fait que l'on ne puisse pas coller soi-même les bandes ensemble.

Avec l'utilisation de **résine de polyester** renforcée par des fibres de verre, vous vous décidez en faveur du matériau de construction le plus élégant, le plus solide et le plus durable. Comme pour les bâches, vous pouvez moduler la forme et la taille du bassin à volonté. Elles sont constituées plusieurs couches de

Chaud ou froid ?

Les Koï peuvent survivre à des températures descendant jusqu'à +4°C, elles ne sont cependant pas des poissons d'eaux froides ! Les échanges métaboliques, la digestion, le système immunitaire et la reproduction fonctionnent de manière optimale à une température de 25°C.

Les Koï importées d'eaux qui ne gèlent jamais ne doivent pas être exposées immédiatement au froid "glacial" des hivers européens. Elles peuvent toutefois s'acclimater à ces températures au cours de leur vie. Nous ne pouvons donc pas apporter de réponse univoque à la question controversée de l'hivernage. Les Koï sont tout à fait capables de surmonter l'hiver européen, à condition de considéer les points suivants : nourriture d'automne, profondeur de l'eau, zones hors-gel, qualité de l'eau, hygiène du bassin et zones de repos.

Le cas échéant, lors de printemps très froid ou dans les régions très froides, un chauffage supplémentaire peut être nécessaire pour que les Koï disposent, au moins pendant quelques mois de l'année, d'une température optimale. Le maintien à l'intérieur avec des aliments industriels impose des exigences bien différentes au propriétaire de Koï. Pour le maîtriser, il faut des contrôles réguliers de l'eau et de la santé des Koïs. Le maintien à l'intérieur a quand même l'avantage indéniable de permettre l'observation de ses poissons tout au long de l'année.

fibres de verre qui baignent dans une matrice de polyester, le tout étant étanchéifié et consolidé au rouleau compresseur. Ce matériel permet également de réaliser sans problème des raccordements étanches d'arrivée et dévacuation d'eau.

Attention, l'emploi de résines de polyester nécessite des précautions particulières.

L'installation de bassin en résine de polyester renforcé par des fibres de verre est possible même sans aptitude particulière au bricolage. Cependant, compte tenu des précautions à prendre pour les poumons lors des travaux, et des risques non négligeables pour la santé, il est préférable d'avoir recours à une entreprise spécialisée. Aussi longtemps que la matrice de polyester sèche, elle émet des vapeurs toxique et, pendant les travaux de coupe et de ponçage, des micro-particules de fibre de verre sont produites qu'il ne faut pas respirer.

Ce que les Japonais conçoivent sous le terme **Utsuri** est un idéal inateignale représenté par une Koï bicolore dont les motifs d'une couleur se reflèteraient en miroir dans les motifs de l'autre couleur. Les combinaisons Noir-Rouge, et Noir-Jaune sont particulièrement appréciées.

Des **Hi-Utsuri** vraiment belles présentant un rouge uniforme sont rares. La plupart du temps, les couleurs s'éclaircissent au niveau de la tête et du dos.

L'eau, un milieu naturel différent

Derrière la phrase apparemment banale "un poisson vit dans l'eau" se trouve l'origine de bon nombre des problèmes rencontrés par les amoureux des carpes Koïs avec leurs protégées. Le fait qu'hommes et poissons vivent dans des milieux différents explique les difficultés qu'ont les propriétaires à déceler à temps les modifications de l'environnement de leurs poissons, et à les éviter.

Derrière la phrase "un poisson vit dans l'eau" se cache beaucoup plus qu'une simple évidence.

La vie aquatique n'impose pas seulement une forme corporelle et une perception sensorielle différentes. Elle impose également, et avant tout, un métabolisme différent (respiration et excrétion).

L'oxygène ne constitue qu'un cinquième, environ, de l'air atmosphérique. Sa présence dans l'eau est beaucoup plus faible et se mesure en milligramme par litre (mg/l). Dans l'habitat naturel des Koïs, sa concentration se situe constamment en dessous de 0,02 pour mille, ce qui correspond à seulement 1 gramme d'oxygène dans 50 litres d'eau. Il est vrai qu'une Koï a des besoins en oxygène beaucoup plus faible qu'un mammifère de même poids. Néanmoins, il est clair qu'une concentration insuffisante en oxygène conduira très rapidement à une carence. C'est pourquoi un système d'enrichissement en oxygène est nécessaire.

L'eau est un milieu solvant

L'eau a la propriété de se mélanger avec différents corps (par exemple les sels) de manière presque homogène. De plus, elle passe au travers de parois telles que la peau ou les membranes cellulaires. L'eau s'infiltre en permanence dans une Koï et doit être en permanence éliminée. Simultanément, cette dernière perd des éléments très importants, qui doivent être "repompées" de façon active par des cellules spécialisées dans l'eau environnante afin de rétablir l'équilibre. Tout cela coûte de l'énergie et, de plus, des substances nocives (comme les nitrites toxiques) peuvent être

Toutes les carpes Koïs qui ne rentrent pas dans les standards très stricts définis par les Japonais, sont pourtant parfois magnifiquement belles.

"repompés" en même temps. Voilà pourquoi de telles substances peuvent atteindre des concentrations problématiques dans le corps du poisson alors que leur concentration dans l'eau n'est pas alarmante.

A l'inverse, il peut arriver que la teneur en substances éliminées dans l'eau soit si importante que l'élimination ne puisse plus avoir lieu, faute d'un gradient de concentration suffisant. Le poisson s'empoisonne presque lui-même. Le danger est d'autant plus sérieux que le nombre de Koïs qui sont maintenues et nourries dans un volume d'eau déterminé est grand. Pour cette raison, dans des conditions normales, il faut installer un bon filtre. En effet, si la probabilité d'une surpopulation dans la nature est faible, il nous faut, en bassin, rétablir les conditions de milieu nécessaires au bon déroulement des échanges physiologiques.

Les dépenses liées à l'entretien de l'eau augmentent avec chaque poisson.

A ce propos, il faut connaître le volume du groupe de poissons présent dans un bassin. En effet, avoir un kilogramme ou plus de poissons par mètre cube d'eau n'est pas chose rare. Cela représente même un dixième de la densité dans les étangs, en fin de période de reproduction, dans les bons élevages de production. Mais une concentration de Koïs si élevée nécessite un système d'entretien en conséquence.

Les Koïs sont des animaux à sang froid

Pour les Koïs, dont la température corporelle varie, la température du milieu ambiant est bien plus importante que pour les animaux à sang chaud. Ainsi la température de leur corps s'élève et

Les méthodes de mesure	Pour contrôler régulièrement les paramètres les plus importants de l'eau, les tests à gouttes du commerce suffisent largement. Par contre, les tests à bandelettes bon marché sont peu fiables. Il existe également des appareils de mesure électroniques de l'oxygène et du pH, dans différentes gammes de prix. Il faut bien sûr entretenir les électrodes et les étalonner régulièrement.

diminue en fonction de celle de l'eau.

Tous le métabolisme est modifié de même que les besoins en oxygène ou en nourriture ou encore l'activité du système immunitaire. Comme il n'est pas possible de vérifier avec nos propres organes sensoriels les caractéristiques de l'eau, exception faite de la température, ces dernières sont malheureusement fréquemment oubliées.

Des mesures régulières des paramètres de l'eau sont fondamentales dans le cadre d'un élevage sérieux de carpes Koïs.

L'univers des Koïs nous est uniquement perceptible par le biais d'instruments de mesure et au travers d'une appréciation correcte des résultats obtenus. C'est pourquoi des observations minutieuses et des prélèvements réguliers sont les fondements indispensables de l'entretien des carpes Koïs.

Pourquoi et quand mesurer l'eau?

L'environnement des poissons de bassin est évaluable avant tout en mesurant les caractéristiques de l'eau. Des mesures régulières et un enregistrement de ces données aident à comprendre les variations au cours de l'année mais aussi les problèmes qui y sont liés. Si les Koïs tombent malades, cela reflète le plus souvent des modifications sévères des caractéristiques essentielles de l'eau. Un filtre bouché, une pompe défectueuse ou un excès de nourriture distribuée par un ami pendant vos vacances se retrouveront dans l'analyse des mesures, autant qu'une négligence dans le changement de l'eau ou une surabondance de poissons.

Quiconque veut trouver la raison pour laquelle un poisson est malade a besoin des valeurs caractéristiques de l'eau avec la date et l'heure des mesures correspondantes. Pour les débutants, il est indispensable de faire des mesures à différents moments de la journée (par exemple 6h, 12h et 18h). La compréhension des processus en cours dans le bassin et des facteurs de stress qui influent sur les poissons, provient de là. Des mesures répétées

Mettre en place un protocole de mesure de l'eau permet d'empêcher les petites et les grandes catastrophes.

plusieurs fois par jour sont tout particulièrement recommandées pour les bassins nouvellement aménagés, afin de surveiller la mise en route et que des contre-mesures puissent être prises si nécessaires.

Naturellement, on peut procéder à des mesures plus espacées une fois les valeurs correctement stabilisées. Lors de grands changements de température extérieure, après des chutes de pluie ou pendant des périodes de chaleur, des variations peuvent se produire, qu'il faudra enregistrer. À long terme on pourra ainsi distinguer les variations dûpes à des causes extérieures de celles dues à des causes internes.

Que signifient les valeurs mesurées ?

La température

Etant des animaux à température variable, les carpes Koïs dépendent étroitement de la température de l'eau du bassin. Leur température préférentielle, relativement élevée, se situe entre 22°c et 28°c. Dans cet intervalle de température, tous leurs processus vitaux fonctionnent au mieux, leur système immunitaire est très actif, leur croissance optimale et les phénomènes liés à la reproduction avec la formation et l'émission de frai se passent sans problème. Les carpes Koïs se trouvent ainsi dans les meilleures conditions et sont moins sensibles à de nombreuses maladies (sous réserve que l'environnement et l'alimentation soient également corrects).

Les brusques variations de température sont néfastes pour les Koïs.

L'hivernage à des températures basses (environ 4°C) ne pose aucun problème quand il fait suite à un bon été avec une alimentation appropriée. Cependant, les Koïs n'aiment pas les brusques variations de température. Elles ont des conséquences néfastes sur l'organisme, d'où l'incidence des maladies à certaines époques: les réchauffements au printemps et les rafraîchissements en automne, avec des différences de température souvent importantes entre le jour et la nuit.

Il n'y a pas que le métabolisme des poissons qui réagisse aux variations de la température de l'eau. Les échanges dans les filtres et dans le bassin même y sont également sensibles. Même l'effet toxique de certains composés chimiques (comme l'ammoniac) ou l'action des médicaments change avec la température. Pour cette raison, noter en permanence la température de l'eau est la base indispensable pour une bonne compréhension de ce qui se passe dans le bassin et dans le filtre.

Des Koïs résistantes et en bonne santé comme celles-ci sont le résultat de soins constants apportés à l'eau.

L'oxygène

L'oxygène est nécessaire au poisson pour sa respiration et la digestion de sa nourriture, et aux bactéries du filtre pour la transformation de l'ammoniaque en nitrite, puis en nitrate (nitrification). La moindre diminution de la teneur en oxygène en dessous de sa valeur optimale ne conduit pas seulement à des problèmes de respiration et de digestion pour les poissons, mais aussi à une activité restreinte des bactéries du filtre. Le résultat est une dégradation des performances du filtre avec toutes ses conséquences.

Les plus grandes variations d'oxygène sont causées par les plantes (y compris les algues). Durant la journée, la production dépasse les besoins. Pendant la nuit, seul l'oxygène est consommé. Pour cette raison, le jour, dans les bassins verts, on peut mesurer des saturations en oxygène dépassant 100%, les plus hautes valeurs se mesurant en fin d'après-midi.

La solubilité de l'oxygène est plus faible dans l'eau chaude que dans l'eau froide. C'est pourquoi la production d'oxygène par les plantes pendant les périodes chaudes est la bienvenue. Elles augmentent l'oxygène disponible pour les poissons. Des problèmes peuvent cependant survenir pour les Koïs lorsque le bassin contient un grand nombre de plantes ou une grande quantité d'algues qui induisent une trop forte variation jour/nuit.

La décomposition des feuilles tombées en automne dans l'eau consomme de l'oxygène, ainsi que les infiltrations de terre qui peuvent survenir en cas de fortes pluies. Des variations de teneurs

Sont réunies dans le groupe dit des "**Kawarimono**" pratiquement toutes les Koï unicolores ou multicolores, dont les écailles couvrent complètement ou partiellement le corps, de couleur intense mais sans reflet métallique et qui n'entrent dans aucune autre catégorie.

Parmi les Kawarimono, la **Kigoi**, complètement jaune citron, est un classique. Ceux qui possèdent de tels poissons, parlent de leur calme proverbial et de leur nage particulièrement souple et harmonieuse.

La solubilité de l'oxygène dans l'eau dépend de la température : plus l'eau est chaude, moins elle contient d'oxygène.

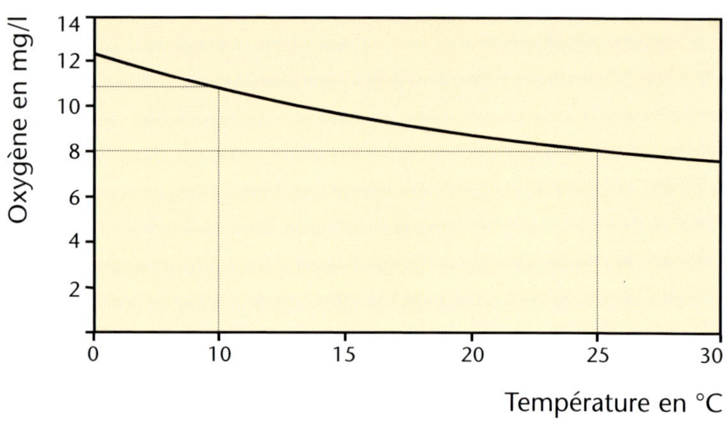

en oxygène se produisent aussi particulièrement pendant et après la distribution de nourriture. L'agitation des Koïs pendant le nourrissage consomme de l'oxygène, et la digestion encore plus. Cela peut mener au fait que, par manque d'oxygène dans l'eau, la nourriture ne soit que partiellement consommée. L'élimination des restes non digérés peut entraîner des taux élevés d'ammonium ou de nitrates et, au-delà des autres effets négatifs, causer des dommages aux branchies.

Si la teneur en oxygène baisse fortement, il se peut en outre que les restes de protéines déjà transformés en nitrates (relativement non toxiques) par les bactéries, se retransforment en nitrites toxiques.

Les fortes variations de pH sont à éviter.

La mesure du pH

La mesure du pH permet de savoir si l'eau possède des propriétés acides ou alcalines (basiques). Le mieux pour les Koïs, une fois l'équilibre installé, est un pH proche de la neutralité (pH = 7,0), pouvant aller pH 6,0 à 8,0.

De même que pour l'oxygène, les valeurs de pH varient au cours des jours en fonction de l'activité des plantes. Elles consomment pour se développer du gaz carbonique, qui possède un grand pouvoir tampons sur le pH. Quand la teneur de ce stabilisateur diminue, la valeur du pH augmente au cours de la journée, parfois jusqu'à des valeurs supérieures à 9,0. Les Koïs sont capables de supporter une telle valeur à condition que le pH s'élève progressivement et reste constant suffisamment longtemps pour permettre à l'organisme des Koïs de s'adapter. Des variations jour/nuit avec des écarts de pH de plusieurs unités représentent à long terme un stress énorme pour les Koïs et sont, par conséquent, un facteur déclenchant de maladies. Les valeurs extrêmes conduisent en particulier à des lésions des branchies.

La toxicité des produits du métabolisme ammonium/ammoniaque et de beaucoup d'autres substances dépend du pH. Comme le montre la courbe page 36: à pH=8 une partie de l'ammonium total est déjà présent sous forme d'ammoniaque toxique. Cette proportion augmente ensuite fortement avec des valeurs croissantes de pH. Pour cette raison, la nocivité de ces composés azotés ne peut être estimée qu'en combinaison avec les valeurs du pH. La toxicité des métaux lourds est également liée aux valeurs du pH. Le cuivre des tuyauteries est, par exemple, extrêmement toxique pour les Koïs pour des pH inférieurs à 6,0, alors qu'il ne pose aucun problème pour des pH au-dessus de 7,0.

La valeur du pH n'a donc pas seulement une importance par ses effets basiques et acides, mais aussi et surtout par son influence sur les autres substances contenues dans l'eau.

La teneur en ammonium total

La teneur en ammonium total est fonction des composés azotés qui arrivent dans l'eau en tant que produit final du métabolisme (principalement à partir des branchies des poissons). La nourriture pourrie dans l'eau, ou les cadavres d'animaux, de même que les micro-organismes morts massivement, peuvent aussi produire de l'ammonium. Une grande partie des bactéries des filtres utilisent l'ammonium, qu'elles "digèrent" en nitrites. Ce procédé est dépendant du taux d'oxygène. Aussi bien l'ammoniaque que les

Des **Kujyakus** aussi claires que cet individu au centre de l'image, sont relativement rares.

La concentration en ammoniaque en pourcentage du taux d'ammonium total (ici à à 20°C) augmente beaucoup avec le pH.

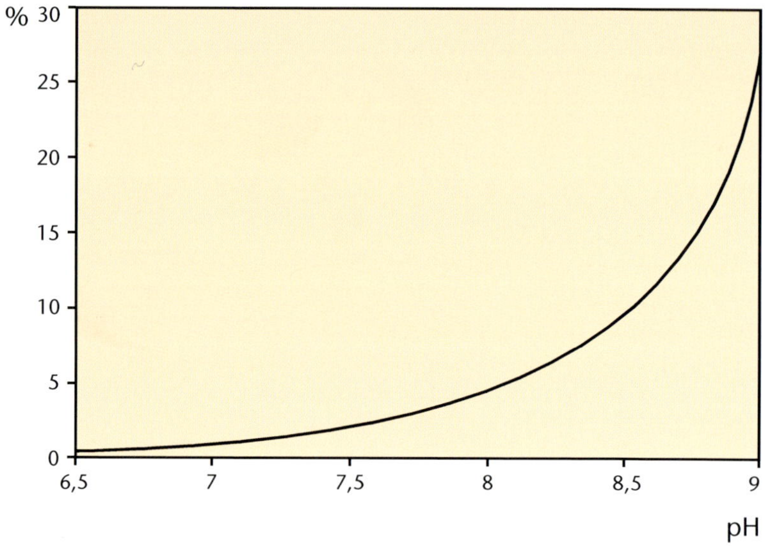

L'augmentation du pH peut conduire à une soudaine intoxication à l'ammoniaque du poisson, pour un débit d'eau identique.

nitrites en excès inhibent l'activité des bactéries. C'est la raison pour laquelle la flore bactérienne du filtre peut très bien, en très peu de temps, passer d'un fonctionnement normal à une augmentation soudaine des concentrations en ammoniaque et en nitrites, toxiques pour les poissons. Un autre type de bactéries transforme les nitrites en nitrates, entraînant également une consommation d'oxygène.

Les proportions entre l'ammoniaque (NH_4) et l'ammonium (NH_3) sont liées et varient en fonction du pH. Comme on peut le constater sur la courbe ci-dessus, il se forme un pourcentage de plus en plus grand d'ammoniaque à partir de pH 8,0 environ et la proportion d'ammonium non toxique chute. C'est pourquoi à des valeurs de pH élevées, une partie de l'ammonium total est déjà dangereuse. A des températures plus élevées, la proportion d'ammoniaque toxique augmente encore.

L'ammoniaque est un poison très puissant pour les cellules. Il agit directement au niveau des branchies et peut entraîner des lésions considérables. Le reste de l'organisme du poisson sera également endommagé par de forts taux d'ammoniaque, parce que le produit final de son métabolisme ne pourra pas être suffisamment éliminé par les branchies. C'est pourquoi il faut essayer de maintenir le taux d'ammonium total (ammonium + ammoniaque) en dessous de valeurs mesurables.

Les lésions de faible gravité dues à l'ammoniaque peuvent passer inaperçues au début, mais cependant avoir des répercus-

À l'exception de la **Shusui**, toutes les Koï issues des carpes-miroir et carpes-cuir réexportées au cours du siècle dernier d'Allemagne vers le Japon s'appellent des **Doitsu**. En effet, elles présentent la même disposition d'écailles que les carpes colorées d'élevage, mais ont de plus gardé la forme élancée des carpes sauvages.

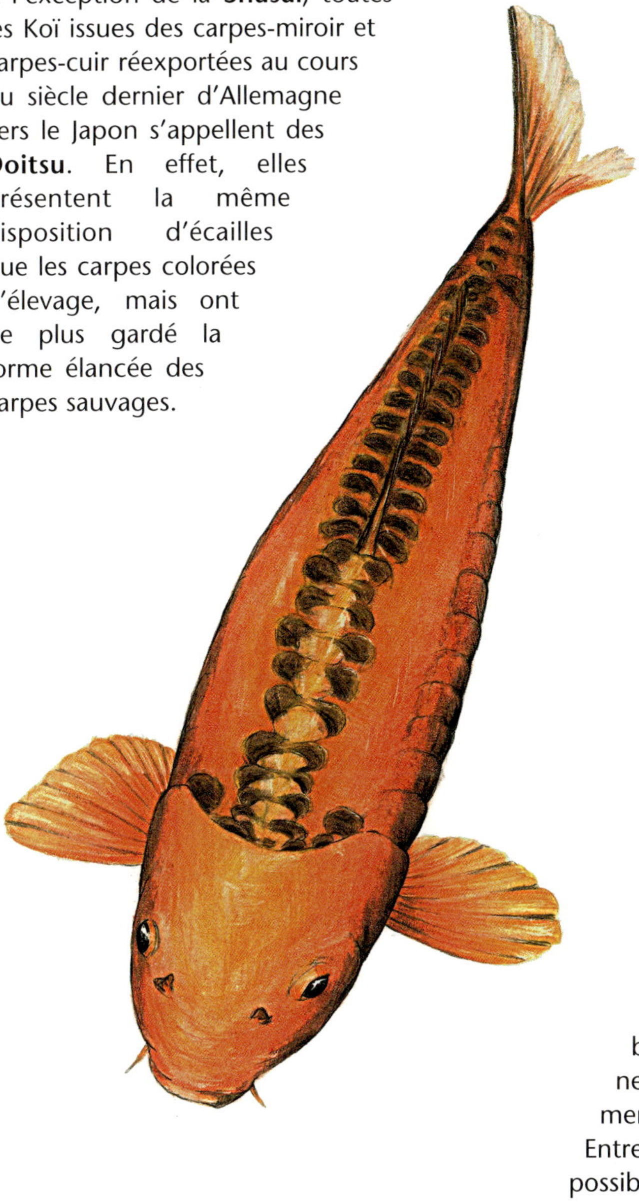

Les Doitsus d'apparence particulièrement bossue et charnue ne proviennent sûrement pas du Japon. Entre toutes les variétés possibles, la **Doitsu-Orange-Ogon** est une des plus remarquables.

Les nitrites sont très toxiques, mais évitables.

sions à long terme. Au début, les Koïs arrêtent simplement de se nourrir, afin de soulager leurs branchies, organe d'élimination. Si des concentrations plus élevées en ammoniaque agissent plus longtemps, les lamelles des branchies se nécrosent. Insidieusement, les lésions branchiales deviennent de plus en plus importantes de façon bientôt irréversible. Les conséquences sont des troubles des échanges gazeux entre oxygène et gaz carboniques, se répercutant sur tous les organes vitaux et donc sur la santé des Koïs qui peuvent finalement en mourrir.

Les nitrites, un poison

Les bactéries du filtre (mais aussi du bassin tout entier), produisent les nitrites à partir d'ammoniaque et d'oxygène. Les nitrites sont très toxiques. Ils agissent sur l'hémoglobine, le transporteur de l'oxygène dans le sang et gênent son action. Les Koïs meurent finalement d'un manque d'oxygène interne et s'asphyxient elles-mêmes, malgré une teneur en oxygène favorable dans l'eau.

Les nitrites dissous dans l'eau de mer ou dans l'eau salée sont en comparaison peu toxiques. C'est pourquoi on utilise fréquemment des eaux très concentrées en sels pour le transport ou dans le cas de populations denses.

Le taux de nitrites doit rester stable, en dessous de 0,1 mg/l. S'il monte au-dessus de 0,15mg/l, on doit immédiatement renouveler un tiers de l'eau car les bactéries filtratrices sont menacées. On peut également mélanger, dans l'eau du bassin, du sel non iodé à une concentration de 0,3% (3 kg/1000 l) afin de réduire la toxicité pour les poissons. Ces mesures ne sont cependant pas une alternative à un changement de l'eau, mais un simple complément possible ou une aide transitoire rapide.

Un taux de nitrites trop élevé est souvent dû à un filtre insuffisament "rôdé" . Dans les premiers temps de l'installation, on assite en effet à des phases de concentrations en ammoniaque relativement élevées, suivie de phases de concentrations en nitrites plus importantes. Aussitôt qu'une quantité suffisante de bactéries s'est développée, de tels désordres ne surviennent plus si le domaine de pH favorable aux bactéries (et aux poissons), entre 6 et 8, est respecté. Ce processus biologique nécessite cependant du temps et de la patience et ne doit donc pas être troublé par une population en surnombre, des distributions d'aliments excessives, une teneur en oxygène inapropriée ou l'emploi de produits antibactériens (antibiotiques).

Attention poison !

Il faut, bien sûr, renoncer à utiliser des produits de traitement des plantes dans les environs du bassin et du filtre. N'utilisez pas non plus d'engrais chimiques ou organiques pour les plantes du rivage. Par ailleurs, évitez les nombreuses plantes ornementales dont les fruits ou les rameaux sont toxiques aux abords du bassin. Attention également pour les propriétaires d'animaux domestiques : les produits chimiques contenus dans les colliers anti-puces sont toxiques pour les poissons.

Une bonne croissance des plantes, aussi bien en bordure du bassin que dans des bacs de filtration, contribue à maintenir le taux de nitrates en dessous de sa valeur critique.

Les nitrates

Les nitrates sont le produit final de la décomposition des protéines. Le taux de nitrates est donc une valeur appropriée pour prévoir l'intervalle de temps nécessaire entre deux changements d'eau dans le bassin. Il indique, pour ainsi dire, quand la capacité d'absorption de l'eau est dépassée.

Il s'agit d'un produit final, relativement non toxique, du fonctionnement bactérien du filtre. Des taux de nitrates d'environ 100mg/l peuvent être tolérés dans le bassin. Une quantité appréciable de nitrates est déjà souvent atteinte rien qu'avec l'eau du robinet : dans certaines régions, le taux de nitrates dépasse parfois 50mg/l, au-dessus donc des limites autorisées pour l'eau potable. Des valeurs jusqu'à 800mg/l sont relativement inoffensives pour les carpes, si l'on évite les variations trop brutales. Les taux très élevés nuisent plus aux jeunes animaux qu'aux adultes.

Les nitrates sont des engrais pour les plantes que celles-ci soustraient à l'eau lors de leur croissance. Enlever régulièrement les algues et les plantes du bassin revient à éliminer les nitrates en excès. De même, des renouvellements réguliers de l'eau aident à garder un taux de nitrates bas. Attention, la prudence s'impose avec des eaux de puits ou des eaux souterraines qui contiennent souvent beaucoup de nitrates.

Les nitrates sont surtout dangereux quand ils provoquent la prolifération des algues (phénomène d'eutrophisation) dont le métabolisme fait varier fortement les autres caractéristiques de l'eau (pricipalement pH et oxygène) entre le jour et la nuit. Cela entraîne chez les poissons un stress d'adaptation considérable qui est souvent cause de maladies et, à long terme, de lésions.

Il existe d'autres conséquences négatives, dues à un taux trop élevé de nitrates, sur les autres caractéristiques de l'eau. Un renouvellement partiel de l'eau doit donc être effectué aussitôt que le taux de nitrates dans l'eau du bassin dépasse 150 mg/l.

Comment renouveler l'eau du bassin ?

La dégradation complète des produits finaux du métabolisme des Koïs ne peut être atteinte que grâce à l'installation d'un système de filtration approprié. On peut toutefois obtenir une bonne qualité de l'eau dans une pièce d'eau, ou plutôt dans un bassin, avec des moyens techniques plus modestes et un petit système de filtration, si une partie de l'eau est régulièrement renouvelée.

En fonctionde la distribution de nourriture, 20 à 40% de l'eau de l'installation peuvent être renouvelés par de l'eau fraîche de façon hebdomadaire. On obtient ainsi une dilution permanente des substances toxiques produites et le filtrage biologique sert uniquement à améliorer la qualité de l'eau. Il faudra éviter le plus possible, au cours de l'opération, les variations de température et de pH trop fortes ou trop brutales afin d'épargner aux poissons un stress inutile.

La dureté totale et la dureté carbonatée

Ces valeurs fournissent des informations sur la teneur en calcaire dissous et autres substances similaires. C'est un bon indicateur pour savoir si l'eau du bassin est bien tamponnée vis-à-vis de certains produits chimiques. La dureté totale et la dureté carbonatée ne font pas partie des valeurs devant être contrôlées couramment. Elles doivent malgré tout l'être de temps en temps, car les éléments chimiques responsables de la dureté sont progressivement consommés par les bactéries du filtre et les plantes, pouvant provoquer une acidification de l'eau, d'autant plus si des feuilles tombent dans le bassin. Dans ce cas, on devra envisager une alcalinisation du bassin. L'alcalinisation avec du calcaire n'est pas sans risque car on doit savoir quelle quantité il faut ajouter au bassin pour obtenir la concentration en éléments alcalinisants souhaitée. Si vous deviez être amenés à traiter votre bassin, informez-vous d'abord, par exemple auprès d'un revendeur spécialisé.

Des eaux très dures sont préjudiciables au métabolisme des Koïs.

Des eaux très dures (dureté supérieure ou égale à 20°dGH), le plus souvent liées à un pH élevé, entraînent des problèmes d'excrétion des résidus protéiques du métabolisme au niveau des branchies, ainsi qu'une forte croissance des algues (forte dureté carbonatée). Les teneurs souhaitables se situent en dessous de 15°dGH. On ne doit pas oublier que les Koïs sont élevées au Japon dans des eaux douces (de faible dureté). L'adaptation à de plus fortes duretés demande du temps.

Les Koïs comme celle-ci sont très recherchées et il devient rare d'en rencontrer. Elles appartiennent au groupe des Koïs unicolores et brillantes que l'on nomme au Japon **Hikari Muji.** Les représentants les plus connus de ce groupe sont les **Ogon** (parfois écrit Oogon) dont il devient très difficile de se procurer de jeunes individus de qualité en raison de la très grande demande.

La **Gin-Matsuba** brille d'un éclat argenté sans une ombre. Chaque écaille est d'un gris anthracite foncé, entourée par un liseré plus clair. Les jurys sont particulièrement sensibles au fait qu'elle forme ou non une image d'ensemble en "pomme de pin".

Les filtres

Si vous avez déjà parlé avec des propriétaires de Koïs experimentés, vous avez sûrement remarqué qu'ils parlent avec au moins autant de passion et de patience de leurs techniques de filtration que de leurs poissons. Il ont pour cela la meilleure des raisons : la bonne santé des Koïs est directement lié à la qualité de l'eau, qui dépend elle-même pour l'essentiel de la qualité de la filtration.

La notion de filtration recouvre beaucoup plus de choses qu'une simple élimination des déchêts visibles de l'eau du bassin. Le filtre n'est pas seulement une "passoire", mais une véritable station d'épuration qui doit tourner 24 heures sur 24 pour offrir aux Koïs des conditions d'environnement favorables. Pour pouvoir remplir ces exigences, il faut savoir que la taille et le volume des filtres sont moins importants qu'un fonctionnement permanent, dont le contrôle se trouve entre nos mains. Ce n'est que si vous connaissez le fonctionnement du filtre que vous pouvez savoir si tout se passe bien.

Filtres grossiers, fins, biologiques, écumage, filtre à charbon actif, lampes UV : a-t-on réellement besoin de tout cela ? Ou bien l'utilisation de toutes ces possibilités est-elle excessive ?

Quatre fonctions de base

Le filtre du bassin a principalement quatre fonctions à remplir. Sa première tâche consiste en une **filtration mécanique** de l'eau de ses particules en suspension et de ses déchêts grossiers(préfiltres). Les Koïs en bonne santé remuent en permanence le fond du bassin et remettent en circulation les restes de nourriture, leurs propres excréments, ainsi que tout ce qui est tombé dans le fond (feuilles, terre, poussière, etc.) Par **filtration biologique** (qui est, pour être plus exact, biologico-chimique) on entend la dégradation (invisible) des déchêts organiques qui proviennent en permanence de la nourriture et du métabolisme des poissons. Dans un filtre bien rôdé, bien approvisionné en oxygène, des bactéries s'établissent. Celles-ci "digèrent" l'ammonium toxique en nitrates qui sont peu

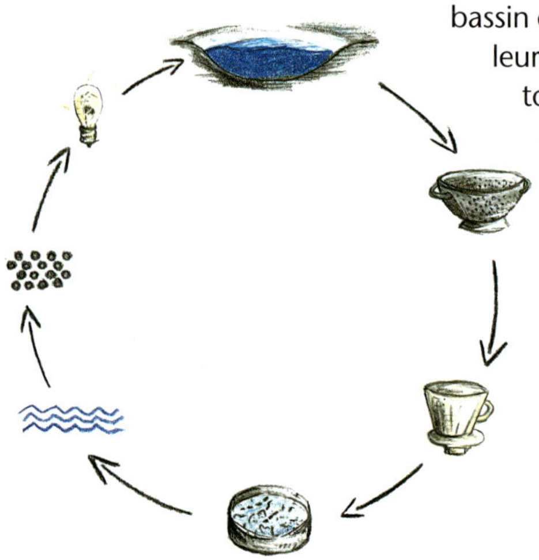

En plus de leurs qualités ornementales, les plantes palustres à croissance rapide constituent des filtres supplémentaires d'une étonnante efficacité.

toxiques. Par ailleurs, le filtre sert en même temps au **brassage de l'eau** en créant un courant plus ou mois fort selon débit de la pompe. Ce courant est important pour évacuer l'eau souillée et pour empêcher, en particulier l'été, la constitution de strates de température fifférentes. L'intérêt du brassage, et non le moindre, est également de favoriser l'**enrichissement en oxygène** de l'eau. En effet les échanges de gaz entre l'air et l'eau ne se produisent naturellement qu'en surface. L'utilisation de pompes injectant de l'air dans l'eau ou de pompes jaillissant dans l'air contribue à enrichir l'eau en oxygène, ce qui est bénéfique à la santé des poissons, à la bonne valorisation des aliments, et à tous les processus vitaux du bassin.

Là encore il faut trouver un compromis : les Koïs sont typiquement des poissons d'eaux calmes et ne sont pas vraiment adaptées à des courants marqués. Vous devez donc trouver une solution intermédiaire entre l'intensité du courant nécessaire à l'eau et au filtre et celle supportable sans dommage par les poissons. Comme pour la réalisation du plan du bassin, nous vous conseillons de faire appel à quelqu'un d'expérimenté qui pourra-

L'inoculation du filtre

Les bactéries filtratrices ont besoin de temps, de conditions stables dans l'eau, et de "nourriture" pour coloniser le filtre. Malheureusement, il est impossible de disposer de stocks de bactéries prêtes à l'emploi, car elles ont une durée de vie limitée, sont sensibles au transport et meurent à l'air libre. On peut néanmoins accélérer le processus de colonisation en inoculant le filtre avec des matières provenant d'un filtre déjà rôdé. On arrive parfois au même résultat avec une poignée de terre de jardin non traitée.

calculer pour vous à quelles places devront se trouver les entrées et les évacuations d'eau. Des recommandations générales ne sont pas d'une grande utilité à ce stade, car il faut savoir à quoi ressemble exactement le bassin pour pouvoir donner des conseils fiables. Généralement l'expert pourra aussi prévoir les zones qui risquent de s'apauvrir en oxygène, en particulier dans les bassins profonds en été, et créer des courants verticaux supplémentaires pour éviter que ne se forment des "zones mortes" où s'accumulent les déchêts.

La maîtrise des courants est une science à part entière.

Quel type de filtre pour quel type de bassin?

En faisant les plans du bassin, il ne faut pas oublier de prévoir des dimensions suffisantes pour le filtre. Selon le nombre de poissons que l'on envisage d'héberger et la taille plus ou moins importante du bassin, différents types de filtre sont envisageables.

Il est en particulier utile de savoir à l'avance combien de temps on est prêt à consacrer. Si l'on est prêt à renouveler un volume d'eau important régulièrement et fréquemment (l'idéal serait une fois par semaine ou au minimum tous les 15 jours) un filtre mécanique en bon état de fonctionnement, qui sera nettoyé tous les deux ou trois jours, est suffisant. Cette solution simple mais laborieuse n'est cependant pas la règle.

Avant d'envisager de construire votre filtre vous-même, renseignez-vous dans les commerces spécialisés ou les salons animaliers sur les multiples types de filtres existant qu'il est possible d'acheter. L' offre est impressionante (comparez impérativement les prix!) et englobe différents systèmes de construction avec des niveau d'efficacité variés.

Cet individu correspond exactement à l'image que ce fait généralement le profane d'une carpe Koï : des taches rouges sur un fond blanc, recouvrant au moins la moitié et au maximum les deux tiers du corps.

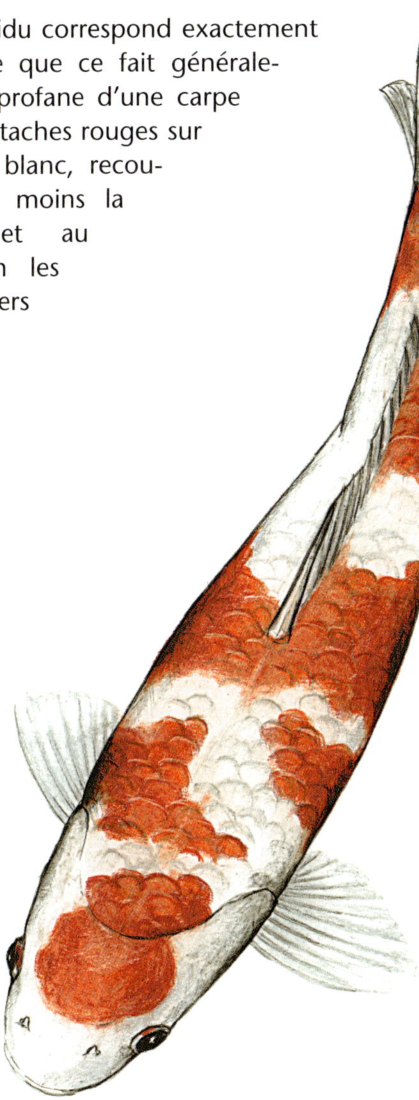

Dans ce cas, et si les deux couleurs ne présentent pas de macules d'autres couleurs, alors on a affaire à une Koï **Kohaku**.

Le bon vieux filtre fractionné, qui intercepte les impuretés de grande taille dans le premier caisson afin de ne pas porter préjudice aux bactéries dans les compartiments suivants, est le meilleur et le plus efficace des systèmes de filtration de bassins.

Le conduit d'évacuation d'eau (plusieurs sont préférables) doit se situer à l'endroit le plus profond du bassin.

Pour les bassins pas trop grands, ou pour le réaménagement de bassins anciens pour lesquels il n'est pas possible après coup d'installer un système d'entrée et de sortie d'eau sur les côtés, un système de filtre en forme de caisson ou de tonneau, placé à l'extérieur ou à l'intérieur du bassin, suffit. Il est vrai que ce n'est pas une solution idéale, surtout esthétiquement, et que ces filtres demandent un entretien intensif.

Les filtres extérieurs à plusieurs compartiments en PVC ou en polyester renforcé sont meilleurs. Ils sont enterrés à côté du bassin, suffisamment profondément pour que la surface de l'eau du filtre soit toujours à la même hauteur que celle du bassin. Ce système de vases communicants est jusqu'à aujourd'hui le plus sûr et permet l'utilisation d'une pompe consommant peu d'énergie car le retour vers le bassin s'effectue sans dénivellation. Tous ces filtres fonctionnent en général sur le même principe comme expliqué sur le dessin ci-dessus. Dans l'exemple représenté un substrat de filtration composé de graviers grossiers, de différentes granulométries, suffit parce que la préfiltration mécanique des déchets grossiers est efficacement assurée par des couches de matériaux synthétiques. Plus ce préfiltre est rincé souvent - à l'eau froide, mais jamais à l'eau chaude ou avec des produits de nettoyage – plus la filtration est efficace.

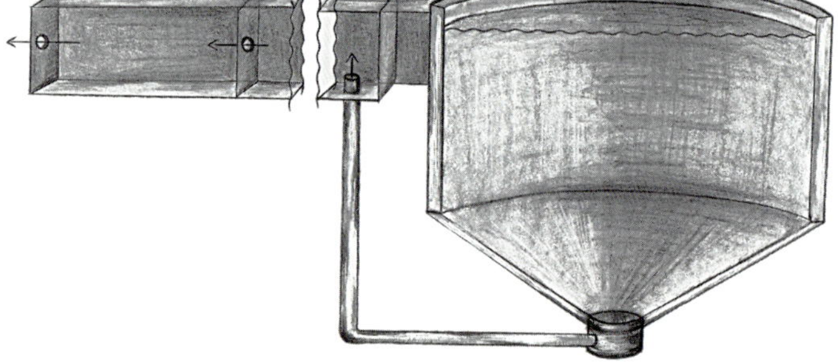

Dans tous les cas, faites-vous monter un"Vortex". Il s'agit d'une chambre de préfiltration en forme d'entonnoir. Avant que l'eau du bassin n'atteigne le filtre mécanique, elle ira dans le "Vortex" et grâce aux forces centrifuges qui s'y exerce une part importante des plus gros déchêts sera déjà retenue, ce qui soulagera d'autant filtre à proprement parler et permettra d'espacer les nettoyages.

Plus le nombre de poissons présents est important, plus la capacité du filtre doit être élevée. On peut retenir comme ordre d'idée pour la réalisation du filtre, que la totalité de l'eau contenue dans le bassin doit être filtrée au moins une fois dans un intervalle de temps compris entre une demi-heure et deux heures. Le préfiltrage mécanique doit épargner au maximum la charge des déchêts grossiers et flottants au filtre biologique. La partie biologique du filtre ne peut remplir sa fonction principale, la nitrification, que s'il y a suffisamment d'oxygène dissous dans l'eau (au moins 5 mg O_2/l).

Le filtre doit être traversé de façon homogène, sans "zones mortes" dans lesquelles les saletés et la vase pourraient s'accumuler. Le filtre doit fonctionner en permanence et la valeur du pH être toujours comprise entre 6 et 8 au maximum.

On complètera la chaîne de la filtration en laissant couler une partie de l'eau filtrée au pied des roseaux, massettes et des autres plantes vivaces des rives.

Tout dépend de l'entretien.

Des filtres mécaniques trop rarement ou mal nettoyés peuvent rapidement devenir de dangereux pièges à boue qui diminuent, voire empêchent, le bon fonctionnenement du filtre biologique en réduisant l'oxygène disponible. Les résidus toxiques qui en résultent sont très dangereux pour les bactéries du filtre, mais également pour les poissons.

Dans un filtre qui fonctionne correctement, une boue marron clair à rouge s'accumule. Elle sent la terre et a une structure floconneuse. On doit s'habituer à nettoyer régulièrement la partie mécanique du filtre, en fonction de la distribution journalière de nourriture. Il faut éviter le colmatage.

Autrefois, on appelait à juste titre le filtre biologique le "filtre lent". En effet, les bactéries travaillent mieux si l'eau ne leur parvient pas comme un torrent. Les bricoleurs peuvent améliorer efficacement le rendement de ce filtre en évacuant dans le bassin une partie de l'eau déjà mécaniquement filtrée, avant qu'elle n'arrive aux bactéries. Une autre possibilité pour optimiser les effets du filtre biologique consiste à relier le bassin à une zone marécageuse plantée ou à ramener l'eau déjà mécaniquement filtrée dans le bassin en la faisant passer dans une zone marécageuse plantée. Ces deux moyens augmentent non seulement l'efficacité du nettoyage mais contribuent en même temps à une production supplémentaire d'oxygène dans l'eau.

Il y a prés de vingt ans, l'agence spatiale américaine, la NASA, a installé à Bâton Rouge, en Californie, des bassins filtrants similaires, derrière des stations d'épuration communales. Elle a gagné avec ce procédé un grand nombre de prix pour l'environnement, car les plantes prélèvent aussi dans l'eau les métaux lourds et les stockent dans leurs tiges. Les plantes sont ensuite régulièrement enlevées et brûlées ce qui élimine du même coup les métaux lourds.

Vue d'un filtre extérieur dans l'élevage de Koïs Ogata à Fukuoka. Avec à peu près 60 000 jeunes poissons par an, c'est une petite entreprise dans l'industrie japonaise de la carpe.

Il n'y a pas qu'un seul type de **Kohaku**, mais au moins une bonne douzaine, qui disposent de noms aussi harmonieux que **Inazuma-Kohaku**, **Gotenzakura-Kohaku** ou **Maruten-Kohaku**. Elles ont toutes un dessin superficiel sur la tête, grand de préférence, ou plus petit. Des "**Kohakus**" à têtes blanches n'existent pas.

Les **Kushi-beni-Kohaku** possèdent toutes les caractéristiques des Kohakus, mais ont, en plus, une ou plusieurs grosses taches sur les lèvres (=Kuchi-beni). Toutes les autres formes de carpes avec les mêmes dessins sur les lèvres portent le même préfixe.

Les plantes dans le bassin des Koï.

Si les Koïs sont suffisamment alimentés, l'installation de plantes en conteneurs dans le bassin est possible et judicieuse. N'employez que des espèces solides à croissance rapide. Les nénuphars doivent être soustraits à l'appétit des Koï par des barbelés sans zinc ou des filets, jusqu'à ce qu'ils soient établis. Les nénuphars jaunes (*Nuphar lutea*), à fleurs jaune d'or, forment une couverture de feuilles dense et ne sont pas mangés par les Koïs en raison de leur amertume.

Quels matériaux de filtration choisir ?

Pour la filtration mécanique, les produits standards proposés dans le commerce suffisent. Cela va de la ouate de Perlon (bon marché) aux feutres en mousse synthétique (plus chers) la plupart du temps bleues, qui font penser à de grosses éponges. Tous ces matériaux résistent longtemps et sont faciles à nettoyer.

La mousse synthétique est particulièrement pratique car on peut la découper quasiment dans toutes les formes, afin de l'adapter à la forme et à la taille de chaque filtre. La meilleure qualité se nomme "tapis japonais" et se compose de polyéthylène (PE) stabilisé. A cause de leur structure entrelacée, ces "tapis japonais" disposent d'une surface particulièrement grande qui ne se colmate que si le nettoyage du filtre est très négligé.

Pour la filtration biologique, vous pouvez utiliser le gravier filtrant ou de construction usuel disponible dans les magasins de

Dans des petits bassins ou pour un élevage de Koïs dans des pièces d'eau naturelles, des filtres extérieurs comme ceux-ci sont la formule la plus pratique.

Des plantes à forte croissance, comme ces nénuphars jaunes (*Nuphar lutea*), éliminent de l'eau une grande quantité de nitrates.

bricolage, ainsi que d'innombrables autre matériaux spécialisés comme des "balles bio", des minituyaux d'argile, etc... ayant la plus grande surface possible sur laquelle puissent se fixer les bactéries nitrificatrices. Lors de l'installation, il est important de ne pas tasser le filtre ou de créer des couches où l'eau ne circulerait plus. L'utilité d'utiliser des corps de filtre très structurés en céramique ou en verre ("filtre à nitrates") dépend de la teneur en nitrate de l'eau obtenue à la sortie du filtre. À partir de 30mg/l de nitrates, l'acquisition de ce type de filtre est recommandée.

La sécurité électrique.

Les pompes et autres appareils électriques ont besoin de courant. Celui qui n'est pas électricien de métier, doit laisser des professionnels installer les fils (exclusivement ceux qui sont homologués pour un usage extérieur), les prises de courant, les interrupteurs et toutes les sécurités. Ils savent exactement ce qu'ils font et quelles mesures de sécurité respecter.

Attention technique !

Celui qui, tous les jours, passe beaucoup de temps dans les embouteillages, n'a pas besoin d'une technologie avancée pour sa voiture, mais plutôt d'un bon système de refroidissement et d'un grand réservoir d'essence. Le principe est le même en ce qui concerne les accessoires nécessaires au bassin : quasiment tout ce qui est proposé dans le commerce est utile, mais pas forcément dans tous les cas.

Vous aurez toujours besoin d'une **pompe de circulation d'eau** fiable. Il est plus sûr d'avoir deux appareils identiques afin de ne pas perdre de temps en cas de panne de l'une des pompes. Deux pompes plus faibles seront souvent montées en parallèle. Pas de question à se poser quant au type de pompe : une pompe rotative immergée et auto-réfrigérante. Assurez-vous, à l'achat, que tous les tuyaux, les joints, et autres pièces sont bien présents.

Le **thermomètre**. Vous avez besoin d'un thermomètre, ne serait-ce que pour avoir une idée relative de la teneur en oxygène du bassin. Un thermomètre à alcool, bon marché, flottant et pas très précis (compter des variations de plus ou moins 1 à 3 degrés) utilisé en aquariophilie est largement suffisant. La première chambre du filtre est un bon endroit pour prendre les mesures.

La **pompe à air** et le **diffuseur**. Par temps chaud particulièrement, il peut être nécessaire d'aérer l'eau dans le filtre (entre le filtre mécanique et le filtre biologique) à l'aide d'une pompe à air. Pour cela, une pompe à membrane utilisée en aquariophilie est suffisante ; pas besoin de mettre un compresseur à piston ou un condensateur. Mais tous les appareils ne sont pas adaptés à l'usage à l'extérieur (sécurité électrique!) et les tuyaux verts utilisés pour les aquariums ne doivent pas être utilisés parce qu'ils deviennent

Les tuyaux, les clapets anti-retour et les difuseurs existent en kit dans les animaleries.

Encore une **Kohaku**, la Koï "universelle" appréciée de tous.

durs et poreux au soleil. Ayez plutôt recours à des tuyaux à air noirs développés spécialement pour les bassins et aux diffuseurs le plus souvent ronds et solides. Ne pas oublier qu'un clapet de sécurité au niveau de la ventilation qui empêche l'entrée d'eau dans la pompe est un très bon investissement.

N'oubliez pas dans les plans du bassin une surface de débordement.

Surface de débordement. Le terme de "Skimmer" est un mot anglais qui signifie à l'origine "écumoire". Pour cette raison certainement, toutes les surfaces de débordement des bassins s'appellent ainsi. Une surface de débordement est une chose simple et utile, car la poussière, le pollen, la pollution atmosphérique, les feuilles et beaucoup d'autres choses forment à la surface du bassin un film gras gênant. Toutefois la construction d'un skimmer après coup a peu de sens car il fonctionnent alors rarement bien. C'est pourquoi il faut au moins planifier dès la construction du bassin une surface de débordement dans la première chambre du filtre ou encore dans le "vortex". Un tuyau de grand diamètre s'impose.

Faut-il chauffer ou pas ? Quand on voit une publicité pour des carpes Koï du Japon, leur pays d'origine, dont une des qualités est de résister au froid, on se demande pourquoi on devrait chauffer le bassin de ces poissons une fois qu'ils sont arrivés en Europe ? Les chauffages de bassin sont malgré tout répandus et leur diversité

Le bon filet	Une épuisette de bassin, avec un manche télescopique suffisamment long, dans laquelle votre plus grande carpe a de la place, fait partie de l'équipement de base. Pour prévenir les chutes d'écailles, il est important que le filet possède un maillage serré et sans nœud. On ne hisse jamais une Koï hors de l'eau avec un filet, mais on la ramène avec celui-ci dans une bassine en plastique flottant dans l'eau.

n'a pas de limites. Des dispositifs utilisant l'énergie solaire ne sont pas rares, et beaucoup de bassins sont chauffés avec le chauffage central. Il est utile de chauffer le bassin pour permettre à la filtration de s'effectuer sans friction quand la glace recouvre complètement le bassin. Mais pour cela un stabilisateur de température, disponible en animalerie, suffit. Pour le reste, il est inutile de chauffer le bassin toute l'année, voire quelques mois, au risque de noyer votre jardin sous un brouillard permanent : les carpes sont très bien adaptées aux changements saisonniers de température.

Une épuisette à Koï doit être avant tout souple et sans nœud. Peu importe qu'elle soit ronde ou carrée.

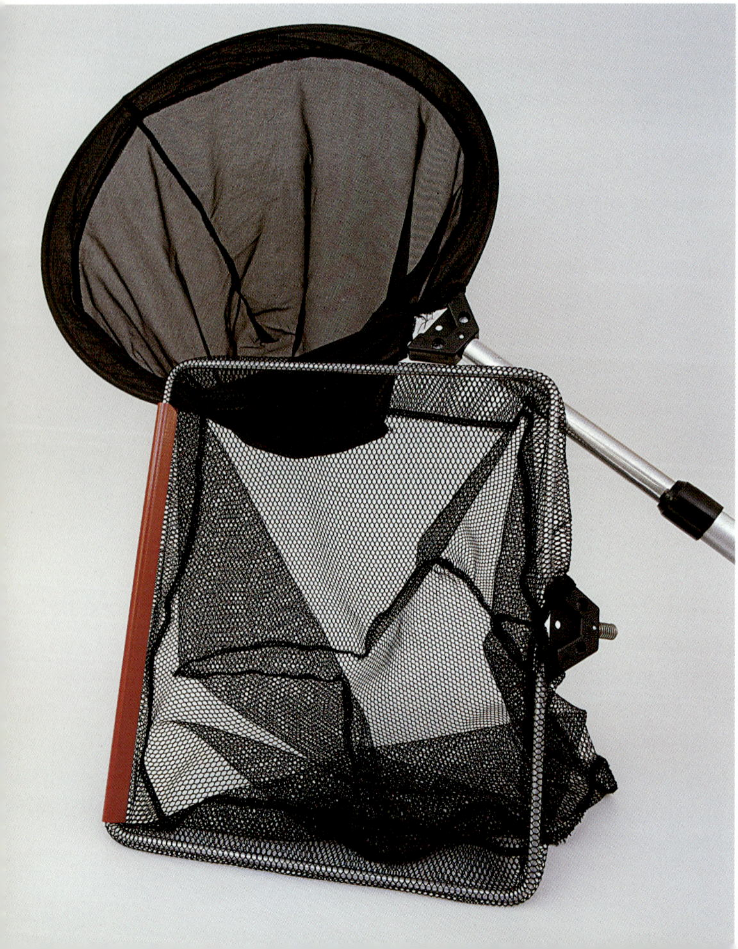

Les "tueurs d'algues". Quand, particulièrement au printemps, après de gros renouvellements d'eau ou une panne du filtre, les algues en suspension se mettent à proliférer, conduisant à la fameuse "eau verte", la lumière ultraviolette est un remède fiable. Les UV combattent aussi bien les algues que les bactéries ou les virus, et les détruisent en grande partie. Le matériel approprié est composé de lampes adaptées au volume du bassin (puissance indicative : un watt pour 1000 litres d'eau). Une utilisation préventive continue est parfois conseillée. Pour notre part nous recommandons de n'utiliser la lumière UV qu'en cas de réel besoin.

Une eau saine est la condition de base pour avoir des poissons sains.

Le **filtre intermédiaire**. Entre les systèmes de filtration mécanique et biologique, et parfois également à la suite du dernier filtrage bioogique on installe souvent un dispositif supplémentaire. Il s'agit le plus souvent d'un réservoir à pression circulaire rempli de sable fin comme on en utilise dans toutes les piscines. Ce type de filtre ne sert pas vraiment et s'obstrue facilement dans une installation de filtrage bien entretenue : en fait un luxe inutile.

Les filtres à charbon actif. Que le charbon actif apporte une filtration à la hauteur des espérances qu'on en attend, est avant tout une question de prix et de qualité. Le charbon actif peut, selon les procédés de fabrication, couvrir une surface supérieure ou inférieure à un demi-million de mètres carrés par litre. A notre sens, seule la qualité supérieure est intéressante pour éliminer efficacement les déchêts et les polluants. Un charbon actif de moins bonne qualité a été plusieurs fois signalé dans la littérature aquariophile comme étant la cause d'empoisonnements aux métaux lourds et aux nitrites, et à l'origine de fortes variations de pH.

Le charbon actif n'est pas un produit miracle. Il est cependant employé comme moyen de filtration utile.

Seules les substances et composés organiques sont extrait par le charbon de l'eau, non par des mécanismes chimiques mais par des liaisons électrostatiques sur leur gigantesque surface. Pour cette raison, leur capacité est limitée, souvent plus vite qu'on ne le pense. Le charbon actif ne doit donc être utilisé qu'en cas de réels besoins (prolifération d'algues, après utilisation de médica-

L'eau du robinet doit de plus en plus souvent subir un traitement avant de pouvoir être utilisée pour élever des poissons.

ments, etc....) ou comme complément à la filtration biologique (après les UV). Le charbon actif est très utile après une panne du filtre ou après une intoxication par les eaux de pluie, du puits ou du robinet. Par contre, une erreur est largement répandue : il ne permet pas d'éliminer les nitrates.

Déminéralisation et osmose inverse. Celui qui habite dans des régions où l'eau du robinet provient des nappes phréatiques où une agriculture intensive est pratiquée, ou encore de stations pompant l'eau d'un fleuve, ne pourra utiliser l'eau du robinet pour son bassin qu'après un traitement approprié. Depuis plusieurs années, des filtres déminéralisant à base de **résines echangeuses d'ions** ont fait leur apparition. Le principe est simple et repose sur le fait que les minéraux, qui existent dans l'eau sous forme d'ions, chargées positivement (cations) ou négativement (anions), sont absorbés par des résines synthétiques et échangés contre les deux ions composant l'eau, H^+ et OH^-. Le procédé classique fonctionne en échangeant les cations puis les anions dans deux colonnes séparées. Dans un procédé plus récent, des couches positives et négatives alternent au sein d'une unique colonne. Les deux techniques conduisent à une eau très pure et pratiquement sans minéraux. Cette eau, si elle était utilisée telle quelle, serait mortelle pour les poissons et pour les plantes. Elle ne doit être utilisée qu'après l'avoir remélangée partiellement avec de l'eau normale.

Observez vos Koïs très attentivement: tout changement notable dans leur comportement peut être l'indicateur de conditions défavorables dans l'eau.

"Matsuba",
le mot japonais
qui signifie
"pomme de pin"
se réfère au réseau
de dessins formé,
par la couleur du
corps et des écailles.

L'osmose inverse est une technique différente qui a fait ses preuves depuis longtemps et dont il existe aujourd'hui de petites installations adaptées à la filtration des bassins. Dans cette technique, l'eau est entraînée par pression à travers les micropores d'une membrane synthétique qui retient les plus grosses molécules et ne laisse quasiment passer que l'eau. Alors que les filtres déminéralisants basés sur les échanges d'ions ne retiennent que les particules chargées électriquement, la membrane semi-perméable de l'osmose inverse retient aussi les produits de traitement des plantes (herbicides, insecticides) et d'autres produits toxiques pour les poissons, que l'on retrouve en quantité et concentration toujours plus importante dans l'eau potable.

La déminéralisation par échange d'ions et l'osmose inverse présentent aussi quelques inconvénients.

Les deux techniques sont indispensable pour élever des Koïs dans les régions où l'eau est polluée ou très chargée en minéraux (très dure) mais elles présentent tout de même certains inconvénients. Les filtres à colonnes échangeuses d'ions peuvent être régénérées quand leur efficacité diminue (ce qui peut arriver vite selon la qualité de l'eau) par rinçage avec des acides et des bases concentrées. Ces produits dangereux doivent être stockées dans la maison et devront être éliminées d'une manière ou d'une autre. On ne peut pas régénérer soi-même les filtres échangeurs d'ions à colonne unique (alternant les couches positives et négatives). Ils doivent être éliminés correctement et renouvelés. Les différents procédés d'osmose inverse, quant à eux, produisent entre 60 et 80% d'eaux usées, que l'on peut, selon leur concentration en molécules toxiques, rejeter quelque part dans le jardin ou de préférence dans le tout-à-l'égout.

Les conditionneurs d'eau.	Les conditionneurs d'eau du commerce sont liquides et contribuent à rendre l'eau du robinet propice aux poissons en un temps relativement court, en absorbant le chlore, les métaux lourds et quelques autres substances dangereuses. Mais il n'existe aucun produit miracle : moins l'étiquette en promet, plus le produit est sérieux.

L'écumage. Les procédés qui permettent d'éliminer la mousse d'origine protéique et d'autres déchets organiques ont été utilisés à l'origine en aquariophilie marine. L'eau du bassin est guidée à travers une colonne, parcourue par un flux permanent de petites bulles d'air sous pression qui produisent l'écume. Celle-ci remonte à la surface et s'accumule dans un gobelet de réception. On s'est longtemps demandé si l'écumeur fonctionnait aussi dans l'eau douce, faiblement conductrice. Il s'avère aujourd'hui que c'est bien le cas. L'écumeur doit être placé juste après le filtre mécanique.

Oui, l'écumage fonctionne aussi en eau douce

Claire, propre ou pure?

Devez-vous appliquer toutes ces techniques, et avec quelle intensité ? Cela dépend en fait de vous. Plus vous vous imposerez de retenue dans la densité de votre population, plus vous mettrez d'eau à la disposition de chaque poisson et plus votre filtre sera efficace, moins vous aurez besoin de toutes ces techniques supplémentaires. N'oubliez pas non plus le coût de l'électricité. Il n'est pas rare que l'utilisation d'une multitude d'appareils serve avant tout à faire plaisir au propriétaire du bassin, plus qu'aux poissons.

Et si l'on pense vraiment aux poissons il ne faut pas oublier que plus l'eau est purifiée, plus elle est "stérilisée". Vous courez alors le risque de rendre vos Koïs sensibles à des infections auxquelles elles résisteraient sans problème dans des eaux plus troubles, dans lesquelles leur système immunitaire est stimulé en permanence.

Les Koï dont la couleur de base est jaune, rouge ou blanche, avec une série de taches noires relativement désordonnées, s'appellent **Bekko**. Mais ce groupe est bien sûr subdivisé en de nombreuses variantes désignant des combinaisons de couleurs particulières.

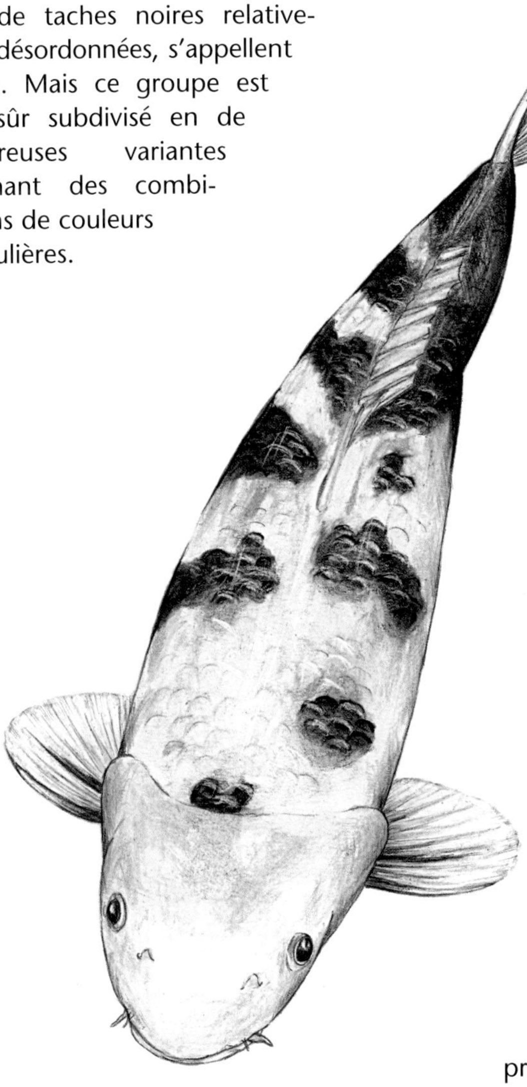

Par exemple, quand la couleur de base de la carpe est blanche on la nomme **Shiro-Bekko**. Un éleveur japonais réputé nous a raconté qu'il s'agissait en l'occurence d'un "sous-produit" peu fréquent des élevages de Koïs **Utsuri**, par ailleurs peu prolifiques.

Les hérons

Les possesseurs de carpes Koï ont une peur bleue des hérons. Mais qu'en est-il au juste ? Sont-ils réellement une menace pour les Koïs, ou y a-t-il plus de légende que de réalité dans les récits de blessures causées par les hérons.

A ce sujet, différentes opinions s'opposent quant au danger que représentent les hérons gris (*Ardea cinerea*) pour les poissons des étangs, en particulier les Koïs. Même si les deux auteurs de ce livre ne partagent pas tout à fait la même opinion sur le sujet, le vétérinaire ne peut que reconnaître l'importance des coups de bec constatés sur certaines Koïs, et tous deux savent bien que les hérons peuvent causer des pertes, parfois considérables, parmi les jeunes poissons. Depuis plus de 10 ans, on note une extrême prolifération des hérons, d'où la nécessité pour ces oiseaux de trouver continuellement de nouveaux horizons de chasse, leurs milieux naturels diminuant parallèlement.

Les carpes Koï, de nature confiantes et curieuses, sont exposées à des dangers qui les guettent dans l'eau et à sa surface : les chats, utilisant leurs pattes comme des cannes à pêche, les enfants turbulents avec leurs jouets, leurs bâtons ou leurs outils de jardin

La sécurité des enfants

Les mares et les bassins ne sont pas sans danger pour les enfants en raison de leur profondeur. Il faut s'en préoccuper dès la construction.

La méthode qui consiste à installer un filet métallique sous la surface n'est pas applicable dans le cas d'un élevage de Koïs car elles se blesseraient. Les propriétaires de bassins ayant de jeunes enfants n'ont que deux possibilités : soit le clôturer pour quelques années, soit surveiller constamment leurs enfants. A ceci , on peut ajouter quelques mesures complémentaires : éviter les pentes abruptes au bord du bassin et aménager un premier palier plat de moins de 40 cm de profondeur, et d'au moins 1 m de large. De grosses pierres et de solides plantes vivaces sur les bords, où les enfants pourront s'agripper le cas échéant, constitueront une sécurité supplémentaire.

Les chats et les enfants peuvent se montrer aussi dangereux que les hérons pour les Koïs.

et aussi les hérons gris affamés qui les guettent à la surface. Les moyens utilisés par les propriétaires de Koïs pour protéger leurs carpes vont du simple "Shishi Odoshi", jeu d'eau japonais en bambou produisant des bruits de claquements, au capteur laser déclenchant un jet d'eau dont la force pourrait même faire tomber un adulte, en passant par des clotures de fil électrique et des pièges reliés à une sirène.

Il y a aussi moins coûteux. Tous les moyens traditionnels servant à protéger un bassin contre les magnifiques mais dangereux hérons gris sont aussi utiles contre les chats : de hauts talus autour des rives, de larges étendues d'eau plates et fermées avec des plantations denses, des plantations hautes sur les rives, un emplacement du bassin aussi près de la maison que possible et une surveillance intensive des poissons. Les hérons évitent les lieux où les gens ont tendance à s'arrêter et discuter fréquemment, même lorsqu'ils sont particulièrement affamés.

Les hérons gris ne font pas la différence entre des carpes Koï et des poissons moins précieux.

Il faut du temps pour faire une Koï

Mais où achète-t-on des Koïs et à quoi faut-il faire attention ? Peut-on les placer dans le bassin directement après les avoir achetées ? A quoi reconnaît-on qu'une Koï se porte bien ou, plutôt, quels sont les signes frappants du contraire ?

Parmi les très nombreuses Koïs que l'on peut trouver dans les animaleries, il n'est pas difficile d'en trouver une que l'on désire acheter tout simplement parce qu'elle nous plaît. Il y a pourtant quelques règles de base à especter afin de ne pas acquérir un poisson avec des maladies latentes ou subir des pertes ultérieures qui représenteraient un apprentissage cher payé.

Dans les élevages de carpes (carpes de consommation ou carpes Koï), à la fin de l'année, les bassins sont vidés et nettoyés.

Comment reconnaître un bon vendeur de Koïs ?

Les animaleries ou les jardineries, dans lesquelles sont présentées à la hâte, et en début de saison uniquement, des aquariums et des bassins avec des poissons rouges et des Koïs, ne sont pas vraiment recommandés. Les commerces de Koïs, dans lesquels on peut avoir confiance, doivent avoir des carpes colorées toute l'année, dans des bassins aérés et filtrés qui leur sont exclusivement consacrés.

Observez longuement et minutieusement les carpes Koïs chez le marchand. Vous avez tout à fait le droit de poser des questions critiques. Un vendeur sérieux prend le temps de discuter avec vous afin de vous trouver une carpe Koï appropriée, mais il le peut

Jusqu'à ce qu'elles atteignent leur taille de vente, les jeunes carpes sont sélectionnées chaque semaine par des experts. C'est une des raisons de leur prix élevé.

seulement si vous êtes vous-même prêts à expliquer les caractéristiques de votre bassin, les types de Koïs déjà présentes et votre type de filtre. Si vous avez l'impression de ne pas être bien conseillé mais plutôt forcé à acheter, allez vite voir ailleurs.

L'impression donnée par le magasin est également importante. Une odeur de renfermé, de poisson ou de poisson mort se fait sentir ? L'eau forme de la mousse et est trouble ? Vous avez l'impression que les carpes Koïs sont mates et qu'elles nagent dans l'eau sans joie ? Ou bien, viennent-elles avec joie vers le vendeur, mangent-elles et ont-elles l'air bien nourries et non pas, totalement amaigries ? Respirent-elles calmement et régulièrement et leurs nageoires sont-elles bien écartés ? Leur peau est-elle claire ou montre-t-elle des bosses ou des abcès? A travers les écailles, on ne doit pas deviner de parties sombres ou rouge sang (faites vous montrer le ventre du poisson). Voyez-vous des zones inflammées où des écailles manquantes, décollées ou abîmées ? Toutes ces informations aident à choisir des poissons sains, non stressés et dont l'eau est bien entretenue.

Le vendeur n'a naturellement qu'une place limitée et son but n'est pas de les faire grossir beaucoup. Son travail est avant tout de les maintenir en pleine forme malgré les contraintes de place et de coût (eau, énergie,...) Et il doit surtout les acclimater après

Il est impératif d'observer une quarantaine. N'achetez jamais de carpes qui viennent d'être importées.

un long transport.

S'il vous plaît, n'achetez jamais de poissons qui viennent d'être importés ou capturées dans un élevage. Le transport par avion ou par voiture signifie des heures, voire des jours avec peu d'eau, à barboter dans ses propres excrétions, avec des chocs, des bruits inconnus et éventuellement des contacts serrés avec des poissons d'un autre élevage. Ce stress doit bien sûr être minimisé. Après le transport arrivent d'autres changements : une eau à la composition chimique différente, un nouveau cadre de vie, d'autres Koïs et d'autres personnes. Les poissons ont besoin de plusieurs jours pour s'acclimater et rétablir un système immunitaire stable.

Durant cette phase, un changement supplémentaire de propriétaire signifie un rallongement de la période de stress. On peut très bien choisir un poisson dans une livraison fraichement arrivée, mais il est préférable de le laisser tranquille pendant environ un mois en observation chez le revendeur, avant de le ramener chez soi. Ensuite, il s'habituera mieux et plus vite à son nouvel environnement, généralement plus favorable .

On reconnaît les bons revendeurs de Koïs à la propreté de leurs magasins, à la place qu'ils donnent à la marchandise "Koï" et au fait qu'ils ne vous tombent pas tout de suite sur le dos, une épuisette à la main. Les revendeurs de Koïs sont souvent spécialisés à ce type de poissons et les importent eux-mêmes. Les Koï chères, voire très chères, issues d'élevages réputés se développent dans tous les cas mieux que la marchandise de masse issue "d'élevages en batterie".

Le choix est difficile. Lequel de ces poissons est prometteur et lequel ne l'est pas ?

Il est temps de parler d'argent. Si on tente de vous vendre une carpe bien grasse à la période des fêtes, en principe, rien d'autre qu'une Koï sans couleur dont seule est prise en compte la valeur alimentaire, en solde pour environ 70 F, vous allez probablement penser : "Attention, tombée du réfrigérateur, risque d'intoxication, ne pas acheter !" Ce genre de signaux doit, de la même façon, vous mettre en garde si le précieux poisson pour votre bassin ne vous coûte qu'un prix ridicule.

Vous devez compter, au minimum, entre 200 et 350 F par poisson. Certes, les Koïs particulièrement bon

Combien de ces jeunes **Platinum-Ogon** satisferont les critères de leur "race" ?

marché proviennent aussi du Japon, mais elles sont tout de suite vendues, à l'état d'alevins, en Indonésie ou en Thaïlande, où elles sont "forcées" dans des conditions tropicales, pour atteindre une taille vendable en un temps minimum. Arrivées dans les pays tempérés, ces poissons gèlent déjà à des température de 18°C et sont souvent affaiblis par des doses massives d'antibiotiques.

N'achetez jamais de poissons d'une taille inférieure à 15 cm (plus grand est encore mieux). À cette taille, on peut mieux juger de leur état de santé et, fait important, ils ont déjà un hiver derrière eux.

Vous devez aussi prendre du temps en les installant dans leur nouveau bassin. N'oubliez pas que votre eau a une autre température et un autre pH, et représente un autre milieu que celui du lieu de vente. La carpe placée par le vendeur dans un sac de transport individuel (très important), généralement en plastique, et contenant de l'oxygène, devra s'habituer lentement à l'environnement de votre eau. Posez le sac à la surface de votre bassin le temps nécessaire pour que la température s'homogénéise, puis laissez pénétrer l'eau du bassin tout doucement à l'intérieur du sac.

Des Koïs dans un monastère

L'élevage des carpes en Europe serait impensable sans les monastères. Afin de pouvoir satisfaire les exigences alimentaires lors du carême, les moines du début du XIIIe siècle ont élaboré les concepts de base de l'élevage que nous appelons aujourd'hui la gestion des étangs. Au Moyen Âge, Les sites choisis par les Ordres pour fonder des monastères le sont en fonction de leur capacité à accueillir des étangs. C'est ainsi que tous les viviers de carpes sont nés dans les monastères. Dans la Suède protestante, il n'y a qu'une poignée de moines catholiques et un seul couvent, très récent, où on élève tout naturellement des carpes. Helmut Pinter explique pourquoi les moines se sont décidés pour les Koïs.

Ce ne sont pas les obstacles climatiques qui gênent l'élevage des Koïs en Europe. Même dans le nord de la Suède, encore plus froid, la multiplication des Koïs se fait bien. Que l'élevage des Koïs ait justement commencé là est lié à l'interdiction d'importation des carpes qui existe en Suède. Quelques Koïs se trouvant déjà dans le pays avant l'interdiction, la demande étant importante et les prix élevés, l'économie de marché a fonctionné et l'élevage de Koïs s'est mis en place.

L'élevage de Koï suédois le plus renommé jusqu'à présent, se situe à Östanbäck dans la province de Uppland. En raison du faible pourcentage de catholiques en Suède, il n'existe que ce seul monastère dans tout le pays. Très peu de moines y vivent. Ils n'appartiennent à aucun ordre, doivent pourvoir à leurs besoins eux-mêmes et mettent en valeur les "lacunes du marché" avec une adresse impressionnante. Le monastère en question est l'un des plus grands producteurs de miel d'abeille en Uppland. Ils cultivent également des herbes aromatiques et des plantes médicinales, on y trouve un atelier de production de bougies décoratives, et Frère Mikaël élève des poissons rouges et des carpes Koï.

L'éleveur de Koï Frère Mikaël (à droite) discutant avec des amateurs. Remarquez les fils métalliques tendus à 10-15 cm au dessus de l'eau pour protéger les poissons des mouettes et des cormorans.

Au début, la nourriture est constituée de nauplies et de daphnies.

Dans la cave du monastère d'Östanbäck, là où sont normalement installées les cuves de vin, on trouve des containeurs pour les Koïs reproductrices. Ils consistent en une construction de bois et de métal, recouverte à l'intérieur d'une bâche en plastique.

L'élevage se déroule de manière conventionnelle, c'est-à-dire sans fécondation artificielle. Pour le frai, un substrat de mousse (Polytrichum commune) est mis à la disposition des poissons. Des nauplies (*Artemia salina*) servent de nourriture, puis les jeunes poissons reçoivent ensuite des daphnies (puces d'eau). Des aliments industriels sont réservés aux Koïs plus grandes.

Sur les terres des monastères, on trouve d'autres bassins où les jeunes grandissent de la même manière que les carpes de consommation ailleurs. Les moines ont étendu des fils accrochés parallèlement à 10-15 cm au-dessus de la surface de l'eau afin de protéger les Koïs des prédateurs venus de la mer Baltique, telles que les mouettes et les cormorans.

Il est vrai que l'importation de carpes en Suède est passible d'une amende mais pas l'exportation. Comme l'élevage prospère et que le marché intérieur est presque saturé, il est possible que les Koïs que l'on vous propose proviennent de l'élevage de Frère Mikaël. Endurcies par les conditions climatiques de l'Europe du Nord, elles devraient convenir parfaitement pour les bassins à l'extérieur pendant toute l'année.

Qu'est-ce que les Koïs aimant manger ?

Pour répondre à cette question, il est important de jeter un œil dans les étangs naturels où l'on trouve la nourriture originelle des Koïs.

L'alimentation dépend, bien sûr, de la saison. Les poissons ne trouvent, au printemps, que de la nourriture provenant du sol: des larves de moustiques, des larves de vers ronds, de la boue et des restes de plantes qui contiennent des bactéries et des protistes.

Quand l'eau se réchauffe et devient riche en nourriture, le poisson suit une phase d'engraissement grâce au phyto-plancton puis au zooplancton (comme par exemple des daphnies ou puces d'eau, qui ont attendu depuis l'automne pour éclore). C'est une nourriture printanière très appréciée par les Koï affamées. Quand l'intensité du soleil forcit, en juin, la quantité de zooplancton diminue et les plantes aquatiques se multiplient. Leurs feuilles et leurs tiges acceuillent des petits vers, de larves de moustiques et d'éphémères. A partir de juillet, les plantes aquatiques qui meurent constituent la nourriture des larves de moustiques. Ceux-ci représentent un repas de fête pour les Koïs ou les carpes. C'est à cette période qu'a lieu le frai.

On peut attraper des daphnies dans les mares limpides jusque tard en automne.

A partir du mois d'août, quand les insectes du sol sont totalement consommés, suite à l'augmentations de la température et aux processus de décomposition, l'oxygène commence à manquer, particulièrement dans les zones vaseuses, et les populations d'insectes nourriciers décroissent. Les poissons s'alimentent moins.

Les larves de moustiques que l'on peut acheter congelées ou vivantes ("vers rouges") favorisent l'engraissement des Koïs.

A partir de septembre, la table est remise pendant une courte période (qui dépend de la température) avec la réapparition de vers ronds et de larves de moustiques. Tous les deux vont permettre l'engraissement des poissons qui leur permettront de survivre tout l'hiver.

Quel enseignement en tirer ?

Du régime alimentaire naturel des carpes, on peut tirer une première conclusion : les Koïs ne sont pas des herbivores. Elles vivent en fait toute l'année essentiellement de protéines et de graisses animales. A partir de ces constatations ont été fabriqués un grand nombre d'aliments pour Koïs très riches en protéines et en huiles de poissons, qui sont néanmoins des matières premières de plus en plus chères sur le marché mondial.

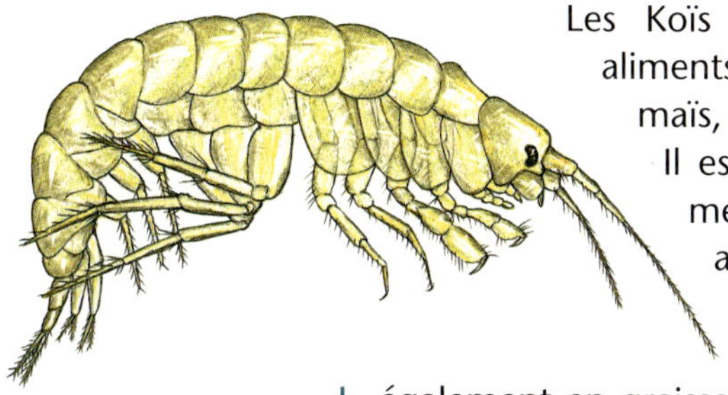

Les Koïs peuvent aussi digérer les glucides. Les aliments à base de glucides sont par exemple le maïs, le blé, le soja et d'autres produits céréaliers. Il est important de savoir que donner uniquement des glucides aux Koïs est une erreur alimentaire grave qui entraîne des disfonctionnements métaboliques. En effet, les glucides sont transformés en énergie mais également en graisses. Le problème est que ces graisses sont de nature différente de celles formées par les graisses et les huiles animales, et qu'elles sont difficilement mobilisables. Au printemps, quand les Koïs auront besoin de ces réserves, elles ne pourront les utiliser qu'en dépensant beaucoup d'énergie : malgré un bon état d'engraissement, elles pourront être alors complètement affamées.

Les crustacés d'eau douce (Artémias, daphnies,...) principalement sous forme séchée, sont un aliment traditionnel des poissons de bassin

Un bon aliment pour Koï doit avoir une composition qui n'entraine ni carence, ni trouble métabolique. Il est recommandé, à l'automne, de donner un aliment composé pour Koï contenant une grande quantité d'huile de poisson, c'est-à-dire dont la composition s'approche de celles des vers et des larves, très riches en lipides, constituant leur nourriture naturelle. L'huile de poisson peut être par exemple de l'huile de foie de morue qui, même si elle n'est pas contenue dans la nourriture, peut être achetée chez le pharmacien. On peut engraisser la ration d'une semaine avec cela. Il est éventuellement possible d'y ajouter des vitamines (celles qui sont nécessaires sont les vitamines A, D, E et surtout C). La ration doit être conservée au frais et à l'abri de la lumière, afin que l'huile de foie de morue ne rancisse pas. Grâce à ce régime, on aidera les Koïs à passer l'hiver et, en début d'année, on aura peu de problèmes avec les pathologies printanières tant redoutées.

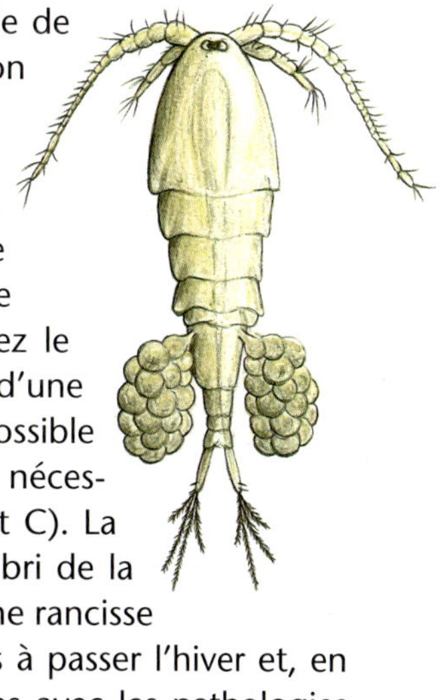

Pas d'expériences hasardeuses

Les aliments de qualité doivent être contenus dans des boites hermétiques à l'eau et à la lumière. Ne vous laissez pas séduire par les "offres promotionnelles" dans des sacs plastiques transparents et n'achetez pas trop à l'avance : les aliments pour poissons ont une durée de conservation limitée.

La ration journalière sera fractionnée en petites portions (autant que possible). Les Koïs préfèrent et cela favorise leur mise en confiance avec l'homme.

L'alimentation des Koïs doit être variée.

Pour enrichir l'ordinaire des Koïs, n'importe quel vers ou crustacé d'eau douce sera le bienvenu. Même des crevettes ou des larves de vers à soie séchées feront la joie des Koïs. On trouvera dans le commerce une large gamme d'aliments de ce genre. Mais il faut faire attention car ces "friandises" contiennent beaucoup de protéines, et si le pH est trop élevé (au-dessus de 8) cela peut entraîner des nécroses des branchies. Ce genre de nourriture ne doit donc être distribuée qu'en petites quantités : n'oublions pas qu'un bassin de carpes Koïs n'est pas une station d'engraissement d'animaux de boucherie !

Une alimentation végétale (salade ou épinards bouillis, courgettes légèrement cuites) peut servir de complément, mais n'est pas appréciés de toutes les carpes. Il faut essayer. La plupart des Koïs adorent lécher des moitiés d'oranges (non traitées, ou tout au moins brossées à l'eau bouillante) qui constitue également pour elles un jeu. En automne et au printemps, elles aident à optimiser l'absorption de vitamine C.

Quantité de nourriture et température de l'eau

A chaque période de l'année correspondent des règles d'alimentation différentes.

La digestion n'est pas très efficace en eau froide, c'est pourquoi l'apport de nourriture devra être adapté aux températures régnant de l'automne au printemps.

Les aliments très digestibles, apportant de l'énergie facilement mobilisable et répondant à l'augmentation progressive des besoins, conviennent très bien au printemps. En mesurant tous les jours les caractéristiques de l'eau, on évitera que les bactéries se "réveillant" après l'hiver ne soient surchargées. En ce qui concerne la quantité de nourriture, il ne faut pas seulement faire attention à la densité de poissons, à la digestion et à la température de l'eau, mais aussi à la capacité de fonctionnement du filtre.

Les Koï noires, rouges et blanches peuvent être particulièrement attractives, mais restent, dans les bassins chauffés, généralement beaucoup plus petites que toutes les autres formes de Koïs. Et particulièrement avec ce type de Koïs, il faut s'attendre à de nombreux changements de couleurs et de formes dans le patron de coloration.

Notre **Showa** a une couleur de base blanche, sur laquelle le noir domine, sauf sur la tête où le rouge prend le dessus. La racine noire de la nageoire latérale est exemplaire. Selon la répartition de ces trois couleurs sur le corps du poisson, celui-ci prend une désignation spéciale. Celle qui figure sur la couverture du livre, par exemple, est une **Tancho-Showa**.

Un "bac à sable" pour Koïs

L'analyse d'excréments et de prélèvements intestinaux de carpes a démontré que la flore intestinale des poissons est la même que celle du fond vaseux des étangs. Ceci n'est pas une coïncidence. Les carpes récupèrent au fond de l'eau les bactéries dont elles ont besoin pour leur digestion. On connaît de nombreux exemples identiques dans le règne animal, chez quelques insectes et des tortues, par exemple. Il n'est pas à exclure que, dans les bassins sans substrat, les fonctions métaboliques des Koïs ne fonctionnent pas tout à fait correctement, ce qui peut entraîner des carences ou des maladies.
Pourtant, la tendance est aujourd'hui aux bassins sans substrat dans le fond, d'une part parce que c'est plus hygiénique, d'autre part parce que les systèmes de filtration à écoulement par le fond ne permettent pas de faire autrement. C'est pourquoi nous vous recommandons de placer dans le fond du bassin des bacs remplis d'une fine couche de gravier ronds, polis et propres (de 3 à 6 mm). Ce genre de "bacs à sable" ne favoriseront pas seulement la santé des poissons, mais leur permettront également, d'exprimer pleinement leur comportement de carpe en fouissant dans le sol.

En règle général, on dit que 1% du "volume de poissons" (en kg ou en g) qui se trouve dans l'eau, correspond à la quantité de nourriture journalière qui permet de couvrir leurs besoins d'entretien (dans des conditions optimales de digestion entre 23°C et 25°C). Toute quantité de nourriture supplémentaire sert à la croissance. Si l'eau est plus froide, les poissons ont besoin de moins d'énergie donc de moins de nourriture pour maintenir leur métabolisme.

D'où la nécessité absolue de mesurer régulièrement les caractéristiques physico-chimiques de l'eau afin de pouvoir adapter les quantités d'aliments distribuées. C'est d'autant plus important si le bassin est encore en rôdage ou les poissons nouvellement installés.

Nous avons déjà vu, page 45, qu'une **Kohaku** possède une couleur de base blanche sur laquelle figure un motif rouge. Si ce motif consiste en une unique tache ronde sur la tête de la Koï, représentant l'emblême national japonais, il s'agit d'une **Tancho-Kohaku**.

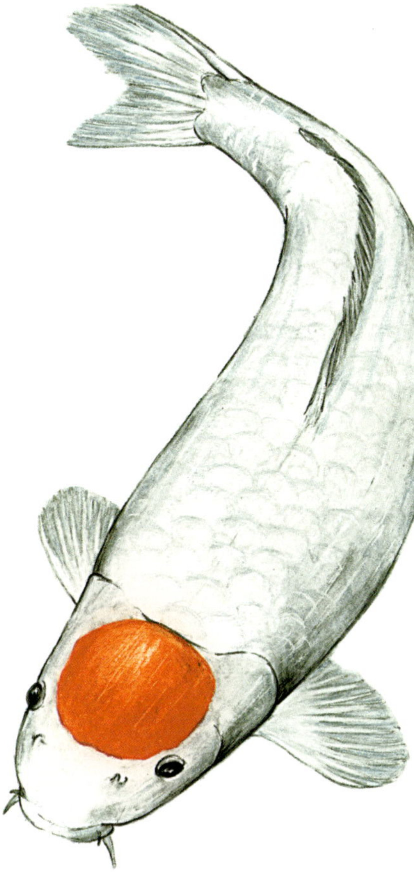

Ces poissons évoquent le soleil levant du drapeau japonais. Elles sont appelées ainsi du nom de la grue de Mandchourie (*Grus japonensis*) qui est l'oiseau national japonais et porte également une tache rouge sur la tête. Les très belles **Tancho-Kohaku** ne sont normalement pas vendues à l'étranger.

L'élevage des Koïs

Un chapitre délicat que les romantiques et certains lecteurs, qui considèrent l'élevage des Koïs comme une science, devraient s'épargner. Nous vous enlèverons de plus l'illusion de pouvoir devenir riche en tant qu'éleveur de Koïs.

La reproduction demande beaucoup d'énergie aux Koï.

Un changement de comportement frappant se produit au printemps. Toute personne mettant à la disposition de ses Koïs une surface d'eau peu profonde, pourra constater que lorsque la température monte, les Koïs ne font pas que prendre des bains de soleil mais se mettent aussi à se courser les unes les autres dans la zone de faible profondeur. Si le bassin est de plus planté, alors les Koïs s'enfoncent dans la végétation et se rapent le ventre sur le sol. La période du frai commence.

Dès l'hiver, quand le jour commence à ralonger, la production d'hormone augmente continuellement dans les glandes progénitales du cerveau. Ces hormones stimulent la formation de gamètes dans les ovaires ou les testicules (dont le contenu ressemble à du lait). L'énergie dépensée lors de la maturation des glandes sexuelles ne doit pas être sous-estimée.

Au printemps, les Koï sont particulièrement sujettes aux maladies.

Le printemps est très dur pour les Koïs qui passent l'hiver dans des bassins non chauffées. Des jours et des nuits avec de grands écarts de température, un système de filtration biologique pas encore opérationnel, une diminution des réserves de graisse, auxquels s'ajoutent souvent des erreurs d'alimentation à l'automne : tout cela peut rapidement conduire à des troubles métaboliques et à des maladies. A cela s'ajoute la formation du sperme et des œufs qui pompe les réserves protéiques. Les Koï sont donc fortement surmenées.

Même dans les bassins sans zones peu profondes, la course-poursuite commence dès l'apparition des premiers rayons de soleil. Un ou plusieurs mâles poursuivent les femelles. On peut ainsi différencier les mâles des femelles au comportement et à la forme du corps. La plupart du temps, les mâles sont plus minces, en forme de "torpille" et se trouvent derrière les femelles. Pendant la période du frai, les femelles développent un ventre rond, que les mâles cognent sans cesse, et elles essaient, par de brusques secousses, de déposer leurs œufs au sol ou dans les plantes.

Pendant la période du frai, il est indispensable de contrôler régulièrement la qualité de l'eau.

La plupart du temps, plusieurs mâles poursuivent une femelle prête à être fécondée.

Quand vient l'heure de pondre, près de 200 000 œufs par kilogramme de femelle sont libérés. Ce rejet massif de protéines provoque une formation d'ammoniaque qui doit être compensée dès que possible par un changement partiel de l'eau, afin que celle-ci ne "tourne" pas.

Des 200 000 œufs collés sur les plantes aquatiques ne sortiront pas autant de Koïs. La plupart sont mangés par les parents eux-mêmes et beaucoup meurent entre l'éclosion et le stade de jeune poisson parce qu'ils n'ont pas la force ni la constitution pour survivre. Dans la nature, les jeunes poissons servent aussi de nourriture aux autres poissons, aux oiseaux, aux larves d'insectes ou à leurs parents.

La première nourriture pour les jeunes poissons est généralement naturellement présente dans les bassins, ou peut être achetée dans les animaleries sous forme de "nourriture en poudre". c'est ainsi que parfois, une petite descendante colorée parvient à survivre. On a alors la possibilité d'observer comment d'une ravissante petite Koï, on arrive fréquemment, au bout du compte, à un gros poisson totalement différent et malheureusement pas toujours très joli. Pendant les premières années, le patron de coloration des Koïs se modifie énormément et la qualité des "Koïs européennes" décroit généralement fortement. Cela nous permet de mieux comprendre les procédés compliqués et les innombrables étapes de sélection pratiqués par les élevages japonais et israéliens.

Que faire en cas de durcissement du ventre dû au frai ?

Pour pondre leurs œufs, les Koïs ont besoin d'une température de 25°C. Cette température n'est pratiquement jamais atteinte dans les bassins profonds non chauffés. Il est donc conseillé d'installer dans le bassin des zones superficielles sans bordures abruptes et plantées de végétaux. A défaut de plantes, on peut aussi étendre un "fil de ponte". Ce sont des ficelles d'environ un mètre sur lesquels les poissons peuvent déposer leurs œufs, comme sur des plantes aquatiques.

Que se passe-t-il donc avec les œufs que les Koïs ne pondent pas ? La réponse semble simple : les femelles peuvent les résorber. Mais cela a tout de même certaines conséquences néfastes pour elles : ce processus nécessite beaucoup d'énergie et, au cours des ans, il se forme des zones mortes qui durcissent dans les ovaires, prennent inutilement de la place dans le ventre et peuvent même finir par tuer la Koï.

C'est pourquoi il est conseillé pour la bonne santé des poissons de procéder à une extraction de la semence (aussi chez les mâles) tous les 2 ans, à l'aide d'une injection hormonale (ne pouvant être effectuée que par un spécialiste).

Fini le romantisme ! C'est ainsi que naissent les Koïs

Les patrons de coloration des Koïs ne sont pas héréditaires. On ne peut pas parler de "races" de Koïs.

Aucune Koï dans le commerce n'est le résultat d'un accouplement libre, ni d'une tendre extase dans un lit de plantes sauvages. Les Koïs naissent donc de la même manière que les carpes d'alimentation : des éleveurs expérimenter excitent mâles et femelles, déclenchent la ponte, couvent les larves dans des cylindres en verre bien aérés, et gavent les alevins jusqu'à ce qu'ils aient atteint une taille de vente adéquate. Et ils ne savent jamais quelle "race" de Koïs ils produisent ainsi.

Contrairement à d'autres animaux domestiques hautement sélectionnés comme les chiens, les chats, les perruches ondulées et bien d'autres, il n'existe pas de lignées pures héréditaires de tel ou tel type de Koï, donc pas de "race" à proprement parler. Et méfiez vous des prétendus experts en génétique "carpienne" qui vous prédiront l'aspect des descendants de deux vainqueurs de prix : il est absolument imprévisible !

Jusqu'à ce que les poissons atteignent une taille d'environ 30 centimètres, leurs taches et leurs couleurs peuvent toujours changer. Lorsqu'un éleveur connu, disons à Osaka, met sur le marché un millier de Taisho-Sanke chaque année, cela veut dire qu'il a sélectionné et éliminé au moins 90 fois plus de "non-Taisho-Sanke" !

Le nombre de descendants à qui ce **Kohaku** va léguer ses combinaisons de couleurs ne dépend que du hasard.

C'est dans ce processus de sélection que réside le secret des plus grands élevages de Koïs. Celui qui, au Japon, décide de la vie et de la mort des Koïs est en général un spécialiste capable de déceler l'évolution possible des couleurs et des motifs. La première année (les éleveurs sérieux ne cèdent pas leurs jeunes individus), les poissons sont contrôlés à la main, les uns après les autres, toutes les semaines . Cette procédure coûteuse explique en grande partie les prix élevés ateints par les Koïs japonaises de qualité.

Maintenant vous savez pourquoi nous avons dû renoncer à un véritable chapitre sur l'élevage des Koïs, comme d'ailleurs à un chapitre sur les "races" parmi lesquelles les Koï peuvent être classées à l'aide de noms à consonance exotique. Cependant, grâce à la la douzaine de dessins en couleurs présentés dans ce livre, nous avons illustré les standards de Koïs les plus connus et les plus appréciés. Ce n'est que lorsqu'elle est adulte que la Koï exprime pleinement ce qui correspond à cet idéal ou s'en éloigne légèrement. Oui, les Koïs nécessitent beaucoup de temps et de patience.

L'union fait la force

Vous ne trouverez pas dans les livres toutes les connaissances souhaitées à propos des Koïs. Même le vendeur de Koï le plus reconnu n'aura pas une réponse satisfaisante à toutes vos questions.

Recherchez l'entourage des gens qui partagent la même passion que vous. Vous pourrez y rencontrer des personnes expérimentées prêtes à vous donner des conseils sur des problèmes dont vous ne soupçonnez même pas l'existence et qu'ils ont déjà surmontés.

La santé des Koïs

Le monde sous-marin diffère beaucoup du monde aérien. Pour comprendre le développement des maladies chez les poissons, on doit toujours garder à l'esprit cette différence.

Portez attention à toute modification de l'aspect ou du comportement de vos Koïs.

Les branchies du poisson, organe de respiration et par ailleurs organe d'excrétion des composés azotés, comme l'ammoniaque, se trouvent directement en contact avec l'eau. Leur seule protection consiste en une couche de cellules aux fonctions défensives, dont une partie secrète également du mucus. Juste sous ces cellules, se trouvent de fins vaisseaux sanguins qui absorbent l'oxygène et excrètent les toxines. En comparaison, le chemin suivi par l'air de nos poumons est protégé par de nombreux "filtres" avant d'atteindre son but.

Quand les branchies sont agressées par les mauvaises conditions environnementales ou infectées par un agent pathogène, elles cherchent à se protéger contre l'entrée de celui-ci en formant du mucus. Ainsi le cheminement de l'oxygène dans les poumons est rallongé et, dans les cas extrêmes, la respiration est fortement ralentie. Ceci conduit à un manque d'oxygène dans les organes et à des dommages en conséquence, surtout au niveau du rein qui doit assumer la lourde charge d'éliminer les toxines et qui ne peut plus réguler la concentration du flux sanguin. Un manque d'oxygène se manifeste d'abord au niveau du bord des nageoires, tissu relativement peu irrigué, qui se nécrosent.

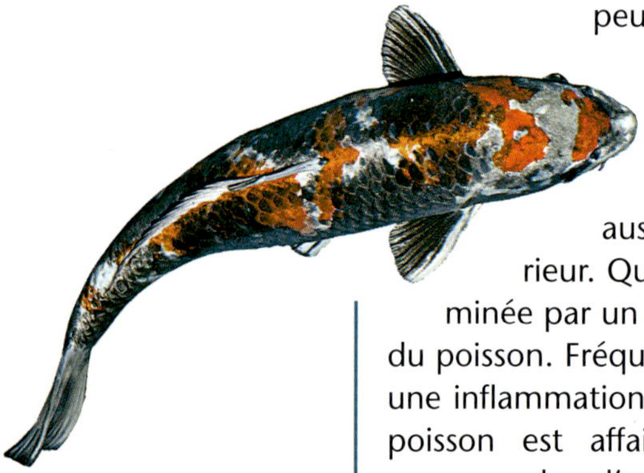

Les cellules muqueuses de la peau sont aussi directement en contact avec le milieu extérieur. Quand cette couche défensive est lésée ou contaminée par un agent pathogène, plus rien ne protège le corps du poisson. Fréquemment à l'endroit de la blessure, on peut voir une inflammation ou une mycose. Si le système immunitaire du poisson est affaibli, les infections bactériennes peuvent se propager dans l'ensemble du corps et conduire rapidement à une infection bactérienne généralisée.

Les Koï en bonne santé sont vives, confiantes et bien en chair.

Important : le système immunitaire des poissons

Achetez seulement des poissons en bonne santé et bien acclimatés, d'abord en petit nombre, en surveillant continuellement les caractéristiques de l'eau tout en donnant une alimentation variée pendant une saison où la température est stable (environ de mai à septembre ; une alternative, en saison froide est de chauffer le bassin).

La qualité de l'eau a une influence primordiale sur le système immunitaire

Observez avec attention vos Koïs. Connaître le comportement normal de ses poissons fait partie des mesures de prévention les plus importantes. En effet, en consacrant du temps à vos animaux, vous remarquerez plus rapidement un comportement inhabituel et peut-être typique d'une maladie.

Après des blessures ou des maladies infectieuses, même les carpes Koïs en bonne condition physique ont besoin de beaucoup d'énergie pour se rétablir. Le système immunitaire et la condition physique des Koïs dépend avant tout de leur environnement. Meilleures sont la qualité de l'eau (en particulier, la teneur en oxygène, la valeur du pH et la concentration en ammonium et en nitrite) et sa température (le système immunitaire fonctionne au mieux entre 23° et 26 °C), meilleures sont les chances de guérison. A l'inverse, plus la qualité de l'eau est mauvaise et la température basse, plus la dépression du système immunitaire qui en résulte rend les maladies probables.

Malade de stress

Mis à part quelques vraies maladies importantes, à partir de leur deuxième été il est très rare de trouver des Koï malades.

Naturellement, ceci n'est valable que quand l'environnement est optimal, qu'aucune situation stressante n'intervient et que la Koï est elle-même en bonne condition. Elle a fait connaissance durant son premier été avec des bactéries, des parasites et d'autres agents pathogènes et est immunisée, comme les hommes le sont vis à vis de la rougeole ou de la rubéole quand ils ont déjà été infectés une fois.

Condition physique et constitution

C'est la raison pour laquelle une Koï peut tomber malade alors que les autres restent en bonne santé. La force du système immunitaire varie d'une Koï à l'autre et chaque poisson réagit en conséquence différemment au stress ambiant.

Les maladies des poissons doivent être avant tout combattues par par la réalisation d'un environnement optimal et d'une hygiène en conséquence. L'hygiène du bassin doit servir à limiter l'inévitable apparition des agents pathogènes et leur prolifération excessive. Un moyen de prévention simple est de sortir les poissons et de faire un nettoyage à fond chaque automne. Le filtre biologique ne doit cependant jamais être complètement nettoyé. Il peut être aussi nécessaire de combattre les parasites avec des traitements appropriés mais seulement après avoir effectué un diagnostic précis, car presque tous les produits en question sont toxiques.

Concernant l'hygiène, il convient de mettre les nouveaux poissons en observation dans des bacs de quarantaine. Ceci particulièrement lorsqu'on veut introduire dans le bassin des poissons indigènes provenant du commerce ou capturés dans la nature. Les Koïs du Japon, d'Asie du sud-est et d'Israël ne connaissent pas tous nos parasites et agents pathogènes locaux et peuvent souffrir gravement de maladies apparemment anodines. Enfin, la densité des poissons joue un grand rôle dans l'hygiène. Elle doit être adaptée à la puissance du filtre, au volume d'eau et à la quantité d'aliment nécessaire pour une bonne alimentation. Il est logique qu'une densité élevée favorise, par les fréquents contacts entre poissons, la propagation des agents infectieux. Sans parler du "stress social" occasionné par une trop grande densité.

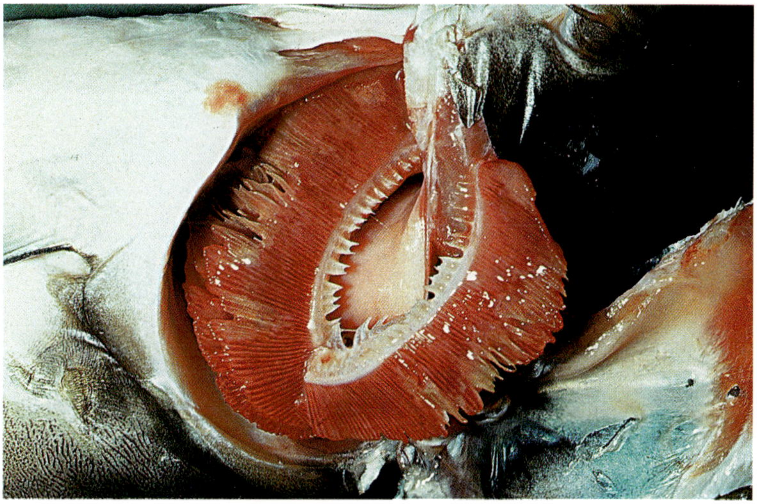

A ce stade, il est trop tard : l'intervention plus rapide d'un vétérinaire aurait pu permettre de guérir cette nécrose des branchies.

Pourquoi y a-t-il donc toujours des poissons malades dans un bassin ? La réponse est liée au stress et au comportement individuel de chaque poisson. Il y a du bon stress, qui aide à maîtriser une situation dangereuse et à réagir vite à un changement d'environnement. Mais si la situation de stress perdure, alors l'énergie finie par être dépensée et le corps entre dans un état d'épuisement qui peut aller jusqu'à la mort. In s'agit dans ce cas d'un stress extrêmement négatif. On peut en conclure qu'on peut soumettre le poisson à un stress temporaire, qui permet au poisson de surmonter une difficulté et fait partie du processus d'apprentissage, mais qu'il faut impérativemen des périodes de rémission entre deux situations extrêmes. Pendant une situation de stress durable, la capacité de résistance aux agents pathogènes faiblit. Le transport, les changements rapides d'eaux de qualité et de température différentes, le manque d'oxygène et le frai comptent parmi les situations les plus stressantes.

L'origine de la plupart des maladies réside dans le stress.

Quels agents pathogènes doit-on connaître ?

Fondamentalement, nous pouvons partager les maladie entre cette qui ont une origine biologique (Bactéries, champignons, parasites, virus) et celles qui ont une origine physico-chimique (manque d'oxygène, empoisonnements, blessures, etc.).

Pour pouvoir choisir une thérapie adaptée à une maladie – en plus d'une analyse des facteurs de l'environnement et de l'agent pathogène à l'origine de la maladie – il faut s'intéresser aux parti-

Les Koï sont-elles sociables ?	La cohabitation des Koï avec d'autres poissons - mais aussi avec des Koï provenant d'autres élevages - expose toujours au danger de maladies infectieuses. Le risque augmente avec l'éloignement de parenté(les poissons rouges sont aussi des carpes). Qui veut être sûr de lui, doit exclusivement posséder des carpes.

cularités des différents agents pathogènes. On doit abolir l'idée d'un remède universel contre toutes les maladies. Notamment, les produits vendus en animalerie sous cette appellation ne sont presque jamais efficaces

Les "champignons"

Ce que l'éleveur de Koïs appelle communément "champignons" (en réalité des algues qui sont devenues des parasites) apparaissent sur la peau des carpes sous forme d'un revêtement cotonneux blanc à jaune ou gris-vert. Ils sont en général révélateurs de blessures de la peau, car ils ne peuvent pas pousser sur des tissus vivants. Les plaies peuvent être causées par des parasites, des bactéries ou des blessures mécaniques. Les "champignons" dont il est question ont l'apparence de longs filaments et c'est seulement sous microscope que le diagnostic devient certain. Ils aiment l'eau légèrement acide avec un pH inférieur à 6.5. Quand une Koï est parasitée, il faut généralement la traiter avec des bains à base de vert de malachite. Dans tous les cas, on doit trouver et éliminer la cause des blessures cutanées.

Il n'existe pas de "remède universel"

Les bactéries

Les bactéries sont des agents de maladies microscopiques. Pour les reconnaître et les différencier, il faut utiliser des colorants spéciaux sous un grossissement de 400 fois, ou en faire des cultures sur milieux gélosés.

Certaines bactéries, dans le filtre et le bassin, permettent l'assainissement de l'eau ; elles sont présentes dans tous les bassins et sont normalement les bienvenues. Quand les bactéries sont à l'origine de maladies, c'est un signal d'alarme qui indique que le système immunitaire des poissons est déficient. Le stress joue ici un rôle important, comme nous l'avons déjà signalé. Les bactéries étrangères, amenées par de nouveaux poissons dans un bassin déjà rôdé, peuvent causer des dificultés jusqu'à ce que toutes les Koïs s'y soient confrontées. Dans une eau à plus de 20 °C,

La **Tancho-Sanke** porte le même symbole sur la tête que la **Tancho-Kohaku**. A cause de ses trois couleurs, ce poisson a moins de valeur. Il est moins recherché et donc toujours disponible à la vente hors du Japon.

Sur cette illustration, il s'agit même d'une **Tancho-Sanshoku**, car le motif rouge se trouve uniquement sur la tête. Chez les **Tancho-Sanke** ordinaires, il peut aussi y avoir de plus petites taches rouges sur le corps.

Identifié à temps, il est plus facile de soigner un pourrissement de nageoire d'origine bactérienne.

les bactéries se multiplie très rapidement ; nous avons affaire à une véritable course entre les bactéries et le système immunitaire.

Des antibiotiques sont fréquemment utilisés contre les bactéries, surtout contre les ulcères bactériens (les soi-disantes "maladie du trou"). **La plus grande prudence s'impose !** Lorsqu'on utilise un mauvais antibiotique, un mauvais dosage, une mauvaise durée de traitement ou une mauvaise application, certaines souches bactériennes peuvent devenir résistantes. Ceci signifie que certaines d'entre elles peuvent survivre à vos traitements et se multiplier de façon impressionnante. Quand une maladie réapparaît, même le moyen thérapeutique utilisé plus tôt devient inefficace. L'utilisation non raisonnée des antibiotiques (en premier lieu, des bains d'antibiotiques avec des principes actifs inadéquats) a déjà coûté la vie à de nombreuses Koïs.

L'usage des antibiotiques doit être réservé au vétérinaire.

Lors de maladies de ce genre, on doit faire appel à des spécialistes. Ils prescriront une thérapie adaptée avec un antibiogramme (une recherche de laboratoire qui permet de sélectionner le principe actif adéquat), pour autant qu'ils ne connaissent pas déjà les Koïs en question . Les antibiotiques doivent rester entre les mains des vétérinaires (les pharmaciens, les médecins ou même les animaleries vendant des antibiotiques ne sont pas des vétérinaires !), non seulement pour des raisons légales mais aussi parce que le vétérinaire est le seul à pouvoir porter la responsabilité de la mise en place d'un traitement.

Il ne faut pas utiliser les antibiotiques dans tous les cas. L'optimisation de la qualité de l'eau et l'utilisation de substances relativement peu dangereuses, qui réduisent le nombre de germes dans l'eau et ainsi diminuent la pression infectieuse, peuvent donner de bons résultats en cas d'infections bactériennes peu

Les signaux d'alarme

Une ou plusieurs Koïs ...

... s'isolent , restent au fond, ou leurs nageoires restent plaquées au corps. *Mesure :* Bain de sel de cuisine à 30 g/l dans des bacs de soins (ne pas dissoudre le sel dans l'eau, juste le mettre dedans) pendant 15 à 20 minutes. Le bain peut être renouvelé quotidiennement. Passé trois jours sans amélioration, consultez un vétérinaire.

... ne viennent pas vers la nourriture ou la recrachent sans arrêt. *Mesure :* Faire analyser un prélèvement cutané et branchial, rechercher dans la bouche un corps étranger et un ulcère.

... restent sans bouger à l'arrivé d'eau ou sous une chute d'eau *Mesure :* Faire examiner les branchies. En cas d'indices d'anoxie, analyser aussi l'eau.

... respirent difficilement. *Mesure :* Faire examiner les branchies.

... cherchent au-dessus l'eau de l'air à respirer (difficulté respiratoire). *Mesure :* Ce sont de sévères signes d'alarmes dûs à un manque d'oxygène extrême. Faire analyser l'eau et les branchies, mettre en marche des jets d'eau et veiller à la fraîcheur de l'eau.

... se frottent et sautent continuellement hors de l'eau.
Mesure : Faire analyser la peau et les branchies, ainsi que l'eau.

... restent toujours en bordure dans les zones les plus chaudes et ne se nourrissent pas. *Mesure :* Signe d'une infection bactérienne générale. Consulter le vétérinaire.

... ont une peau recouverte d'une couche blanchâtre trouble, et se frottent. *Mesure :* Faire analyser un prélèvement de peau ; utiliser des antiparasitaires externes courants. Attention aux produits contenant du Formalin !

... présentent des ulcères, des bosses, des rougeurs sur les nageoires ou sur toute la peau (facile à voir avec les poissons blancs). *Mesure :* consulter le vétérinaire et faire un antibiogramme. Ne jamais utiliser les antibiotiques sans prescription en raison du risque de résistance

... vacillent ou perdent l'équilibre. *Mesure :* ceci est dû à une infection des organes de l'équilibre. Transférer dans des eaux plus chaudes et consulter le vétérinaire.

graves. Les substances les plus souvent utilisées sont le sel de cuisine (dans le bassin 1 à 5 kg de sel pour 1000 litres d'eau) et des moyens de désinfection à l'oxygène, comme par exemple l'eau oxygénée (il existe de nombreuses substances en poudre qui ont ces propriétés). La dose est fonction de la charge organique du bassin, de la dureté et de la température de l'eau ; c'est pourquoi des recommandations générales ne sont pas possibles.

Le gonflement du ventre est un symptôme de maladie fréquent chez les Koïs.

Quand les Koïs cessent de manger, quand de gros ulcères apparaissent ou que le ventre se met à gonfler, on doit pratiquer un examen au plus vite. Si des poissons venaient à mourir, faites pratiquer au plus vite un examen dans un laboratoire spécialisé sur les maladies des poissons. Plus vite vous agirez, plus grandes seront les chances de d'intervenir à temps.

Les virus

Les virus sont des agents pathogènes encore plus petits que les bactéries, qui se multiplient dans les cellules vivantes. Les virus sont à l'origine de perturbations cutanées, comme la variole des carpes, pas belle à voir mais sans gravité. On voit également souvent des infections générales comme la virémie de printemps qui infeste pourtant rarement les Koïs. Par contre, elle n'est pas si rare chez nos carpes indigènes. Il faut donc faire attention lors de l'élevage simultané de Koïs avec de telles carpes. Les maladies virales ne peuvent pas être traitées avec des médicaments. Le système immunitaire peut par contre être stimulé, par exemple avec une eau suffisamment chaude et des apports de vitamines.

Les parasites

Les parasites sont de loin la cause la plus importante de maladies chez les Koïs. Malgré l'immunité que les Koïs saines développent contre les parasites, un traitement peut être envisagé dans certaines circonstances. Ici en particulier, attention aux promesses de certains fabricants de préparations antiparasitaires ! Des traitements ciblés sont préférables pour épargner le filtre, les hommes et les Koïs.

L'ensemble des parasites des branchies et de la peau peuvent être reconnus sans grande difficulté par des prélèvements cutanés et branchiaux avec un microscope adéquat. Un grossissement de 200 est largement suffisant. Les parasites unicellulaires, fréquemment présents lors de troubles cutanés ou de maladies avec des points blancs, doivent être traités différemment des parasites évolués tels que les sangsues de la peau et des branchies, les poux de carpes ou des vers, qui sont reconnaissables à l'œil nu. Les vecteurs de ces parasites sont le plus souvent des poissons nouvellement introduits, les plantes aquatiques et les canards.

La règle à suivre est : d'abord comprendre ce qui manque à l'animal puis seulement agir.

Une faible infestation parasitaire est normale chez les vieux poissons. Une infestation importante doit néanmoins être traitée. Dans ce cas, il est aussi nécessaire de poser un regard critique sur la densité de la population et la qualité de l'eau. Si de très petites Koïs ou des Koïs d'origine étrangère sont malades, il faut agir rapidement car fréquemment elles n'ont pas encore pu s'immuniser contre les bactéries ou les parasites existant dans le bassin.

Presque toutes les matières actives contre les parasites sont toxiques pour l'homme et doivent être manipulées avec beaucoup de précautions et stockées de façon sûre. Ceci concerne en particulier la toxicité cellulaire de nombreuses préparations, notamment le Formalin, qui peuvent donner des allergies, voire plus, chez certaines personnes. Ces produits ne doivent être utilisés que par des professionels.

Pas de thérapie sans diagnostic correct

Naturellement, il existe beaucoup plus de maladies que ce que nous avons abordé ici. En pratique une Koï qui n'a pas mangé depuis plusieurs jours et qui s'isole des autres, doit absolument être examinée. Ceci est aussi valable quand toutes les Koïs du bassin cessent de s'alimenter, malgré une température de l'eau élevée, et quand des ulcères apparaissent en peu de temps et grossissent de jour en jour.

Principaux standards de Koïs

Hi-Asagi

Hana-Shushui

Doitsu-Orange-Ogon

Kigoi

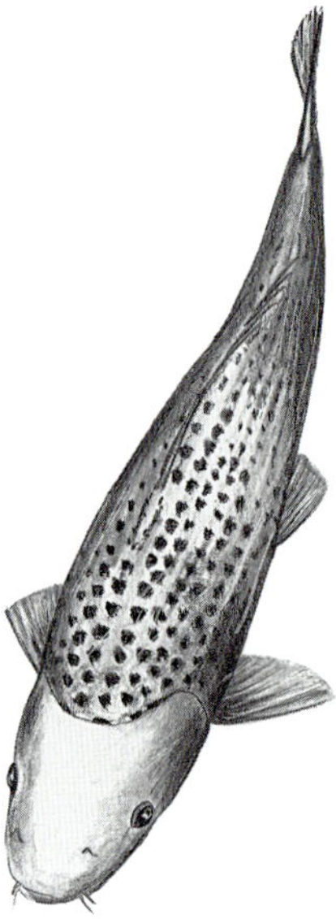

Gin-Matsuba

Hi-Utsuri

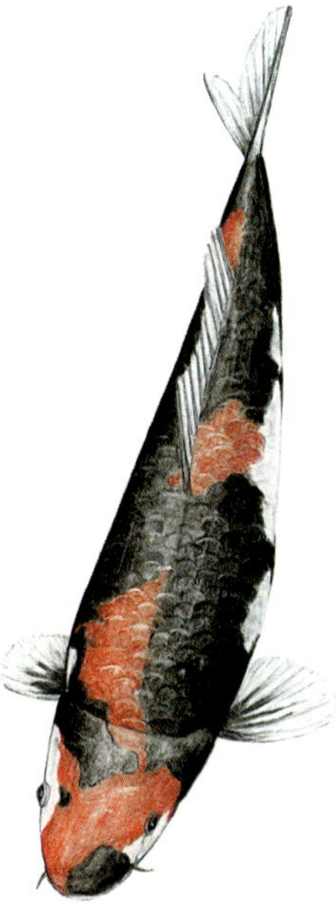

Showa

Shiro-Bekko

Tancho-Sanke

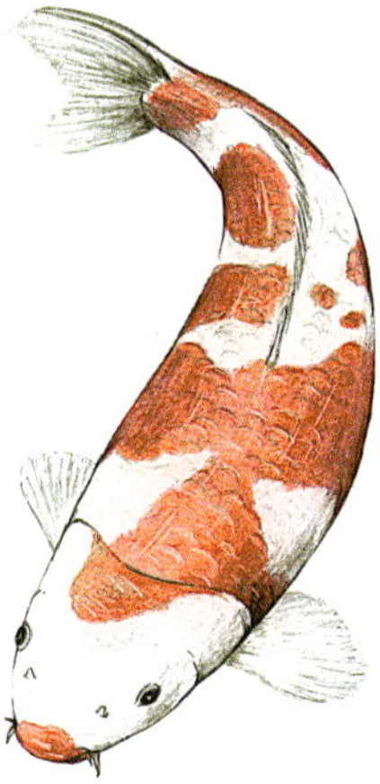

Kushibeni-Kohaku

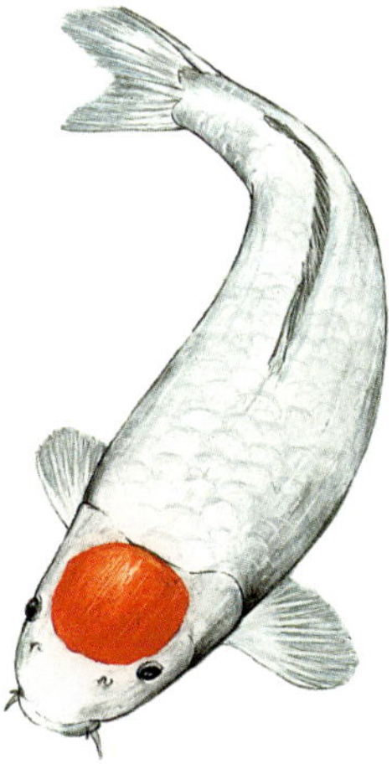

Tancho-Kohaku

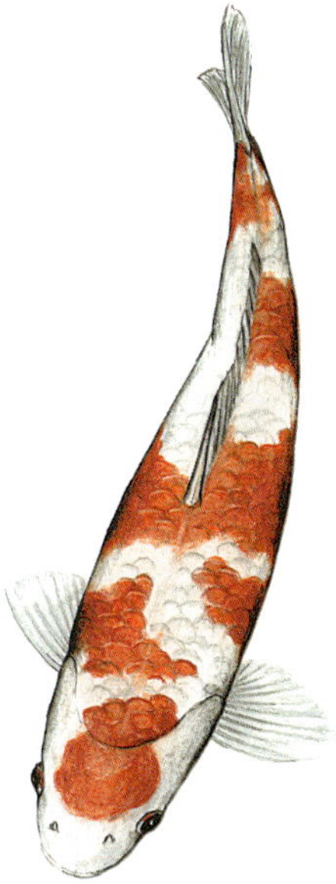

Kohaku

Bibliographie

Bachmann, H. (1998): Faszinierende Koi, Nishikigoi. Verlag A. C. S., Mörfelden-Walldorf.
Baensch, H., K. Paffrath, L. Seegers (1992): Gartenteich-Atlas. Mergus-Verlag, Melle.
Balon, E. K. (1995): The common carp, Cyprinus carpio; its wild origin, domestication, and selection as colored nishikigoi. Guelph Ichthyol. Rev., 3: 1–52.
Helberg, T. (1995): Wassergärten. Franckh-Kosmos Verlag, Stuttgart.
Hilble, R. (1998): Kois. Gräfe und Unzer, München.
Hilble, R., G. Landfeldt-Feldmann (1988): Kois im Gartenteich. Franckh-Kosmos Verlag, Stuttgart.
Jauch, D. (1988): Goldfische und Kois im Aquarium und Gartenteich. Gräfe und Unzer Verlag, München.
Koi – König der Gartenteiche. Tetra-Verlag, Münster.
Kottelat, M. (1997): European freshwater fishes. Biologia, Bratislava, 52: 56–58.
Lechleiter, S. (1998): Dr. Lechleiters Koi-Kalender. Fischcare, Stuttgart.
Neuschwander, E. (1993): Schöne Schwimmteiche. Verlag Eugen Ulmer, Stuttgart.
Schimana, W. (1993): Wassergärten. Franck-Kosmos Verlag, Stuttgart.
Seegers, L. (1998): Teiche und Tümpel im Garten (4. Auflage). Verlag Eugen Ulmer, Stuttgart.
Teichfischer, B. (1991): Farbkarpfen (2. Auflage). Urania Verlag, Berlin.
Teichfischer, B. (1996): Koi in den schönsten Wassergärten. Karl-Heinz-Dähne-Verlag, Ettlingen.

En français :
Hagen, P. (2000): Le Bassin de jardin (méthodes et techniques de construction, 100 photos, 30 dessins, 240 p., 80 F). Éditions Eugen Ulmer, Paris.
Shaefer C.(2000): Les Poissons de bassins.(48 p., 49 F). Éditions Eugen Ulmer, Paris.
Wachter, K. (1996,2001): Le Jardin aquatique (125 photos, 60 dessins, 256 p., 198 F). Éditions Eugen Ulmer, Paris.

Crédits

Illustrations :
Sonja Schadwinkel, Bremen

Photos :
Thomas Freitag, Dietenheim : p. 7 (Wilhelma, Stuttgart)
Rosa-Maria Karnopp, Winnenberg : p. 19
Michael Kokoscha, Oberhausen : pp. 1, 2, 18, 24, 25, 38, 65, 66, 76
Sandra Lechleiter, Stuttgart : pp. 81, 84, 86
Klaus Paysan, Stuttgart : pp. 10, 11, 29, 32, 35, 53, 55, 56, 57, 78, 79 (Kölle-Zoo, Stuttgart)
Helmut Pinter, Enköping : p. 67
Gunther Riedl, Neumarkt : p. 17, 48, 62, 63, 64
Rainer Stawikowski, Gelsenkirchen : p. 51
Teichfischer, Bernhard, Weinböhla : Couverture
Tetra Werke, Dr. rer. nat. Ulrich Baensch GmbH, Melle: pp. 50, 52, 54, 77

Index

L'édition originale de cet ouvrage a été publiée
en allemand sous le titre :
Koi / Christian-Peter Steinle.- Verlag Eugen Ulmer, Stuttgart
(Hohenheim) 1999

ISBN 2-84138-149-8

5 rue de Charonne, 75011 Paris
Tél. : 01 48 05 03 03
Fax : 01 48 05 02 04
E-mail : ulmer@editions-ulmer.fr
Internet : www.editions-ulmer.fr
Traduction de l'allemand : Association des élèves
vétérinaires traducteurs de Maisons-Alfort
Maquette de la couverture : Stefan Bloch
Impression : Georg Appl, Wemding
Printed in Germany

Pour en savoir plus

BASSINS & PETITS JARDINS D'EAU
Pascal Garbe

64 pages, 80 photos couleur, 20 dessins,
17 x 24 cm. 2000.
ISBN 2-84138-108-0
59 F - *8,99 €*

L'essentiel pour réaliser un bassin : choisir un style, réaliser un bassin avec une bâche, les bassins préfabriqués, une prairie humide, un bassin sur une terrasse, les plantes qui créent l'ambiance, l'entretien ...